控 制 测 量

主 编　刘　岩　张齐周　谭立萍
副主编　李金生　矫丽娜　丁　剑　董仲宇

科学技术文献出版社
SCIENTIFIC AND TECHNICAL DOCUMENTATION PRESS
·北京·

图书在版编目（CIP）数据

控制测量 / 刘岩，张齐周，谭立萍主编. —北京：科学技术文献出版社，2015. 8
（2021. 1 重印）
ISBN 978-7-5189-0451-8

Ⅰ. ①控… Ⅱ. ①刘… ②张… ③谭… Ⅲ. ①控制测量 Ⅳ. ① P221

中国版本图书馆 CIP 数据核字（2015）第 156421 号

控制测量

策划编辑：周国臻 责任编辑：周国臻 王瑞瑞 责任校对：赵 瑗 责任出版：张志平

出 版 者	科学技术文献出版社	
地 址	北京市复兴路15号 邮编 100038	
编 务 部	(010) 58882938，58882087（传真）	
发 行 部	(010) 58882868，58882870（传真）	
邮 购 部	(010) 58882873	
官方网址	www.stdp.com.cn	
发 行 者	科学技术文献出版社发行 全国各地新华书店经销	
印 刷 者	北京虎彩文化传播有限公司	
版 次	2015 年 8 月第 1 版 2021 年 1 月第 6 次印刷	
开 本	787×1092 1/16	
字 数	332千	
印 张	14.25	
书 号	ISBN 978-7-5189-0451-8	
定 价	35.00元	

前　　言

本书采用"情境设计＋项目导向＋任务驱动"编写体系,注重"教中学"和"学中做"的有机衔接,为满足高职高专测绘类专业"控制测量"课程"教学做一体化"教学改革需要而编写。

根据高职教育特点,从企业聘请了生产一线专家、高技能人才共同开发体现校企合作特色的项目化教材。本书共分为6个学习情境,包括控制测量基本知识、控制测量技术设计、平面控制测量、高程控制测量、控制网数据处理、控制测量技术总结。各情境、项目、任务基于生产一线控制测量作业工作过程和学生的认知规律来编排组织教学内容,并根据具体工作过程,以项目导向、任务驱动的形式展开教学。本书编写强化了工作过程的完整性,淡化了知识的系统性,体现了学习过程与工作过程的融合。

本书由辽宁水利职业学院刘岩、广东工贸职业技术学院张齐周、辽宁省交通高等专科学校谭立萍担任主编,辽宁水利职业学院李金生、辽宁城市建设职业技术学院矫丽娜、沈阳勘察测绘研究院丁剑、辽宁省国土资源厅征地事务局董仲宇担任副主编。参加编写人员分工如下:情境一由张齐周编写,情境二由谭立萍编写,情境三、情境四由刘岩编写,情境五由李金生、矫丽娜编写,情境六由丁剑、董仲宇编写,附录由谭立萍编写。各项目、各任务分别编写完成后,刘岩对部分项目、任务予以补充、修改,并负责统稿定稿。最后由东北大学马洪滨教授统审全书。

本书为高等职业院校测绘类专业教学用书,也可供有关工程技术人员学习参考。

限于编者的水平和经验,书中难免有疏漏和不足之处,恳请使用本书的老师、同行专家和广大读者提出宝贵意见,以便日后进一步修正与完善。

目　　录

控制测量基本知识

项目 1 控制测量基本知识

 [项目提要]

本项目主要介绍控制测量工作的基本知识，包括控制测量的基本任务与主要内容；控制网布设的基本形式；国家平面、高程控制网的布设原则和方案；控制测量的作业流程等。通过本项目的学习，让学生对《控制测量》课程的相关知识有一个整体的概念，掌握控制测量在工程建设各个阶段的基本任务，了解控制网布设的基本形式及我国国家控制网的布设现状与特点，掌握控制测量工作的基本工作过程。

任务 1.1 控制测量的基本任务与主要内容

一、控制测量的含义

在进行某项测量工作时，往往需要确定许多地面点的位置。如从一个已知点出发，逐点进行测量和推导，最后虽可得到待测各点的位置，但这些点很可能是不正确的，因为前一点的测量误差将会传递到下一点，这样积累起来，最后可能达到不可允许的程度。因此，测量工作必须依照一定的原则和方法来防止测量误差的积累。

在实际测量工作中应遵循的原则是：在测量布局上要"从整体到局部"；在测量精度上要"由高级到低级"；在测量程序上要"先控制后碎部"，也就是在测区整体范围内选择一些有"控制"意义的点，首先把它们的坐标和高程精确地测定出来，然后以这些点作为已知点来确定其他地面点的位置。这些有控制意义的点组成了测区的测量骨干，称之为控制点。采用上述原则和方法进行测量，可以有效地控制误差的传递和积累，使整个测区的精度较为均匀和统一。为了测定控制点的坐标和高程所进行的测量工作称之为控制测量。它包括平面控制测量和高程控制测量。控制测量是整个测量过程中的重要环节，它起着控制全局的作用。对于任何一项测量任务，必须先进行整体性的控制测量，然后以控制点为基础进行局部的碎部测量。例如大桥的施工测量，首先建立施工控制网，进行符合精度要求的控制测量，然后在控制点上安置仪器进行桥梁细部构造的放样。

控制测量是指在一定的范围内，按测量任务所要求的精度，测定一系列地面标志点（控制点）的水平位置和高程，建立控制网，并监测其随时间变化量的工作。它是在大地测量学基本理论基础上以工程建设测量为主要服务对象而发展和形成的，为人类社会活动提供有用的空间信息。因此，从本质上说，它是地球工程信息学科，是地球科学和测绘学中的一个重要分支，是工程建设测量中的基础学科，也是应用学科。在测量工程专业人才培养中占有重要的地位。

二、控制测量的基本任务

控制测量的服务对象主要是各种工程建设、城镇建设和土地规划与管理等工作。这就决定了它的测量范围比大地测量要小，并且在观测手段和数据处理方法上还具有多样化的特点。

作为控制测量服务对象的工程建设工作，在进行过程中，大体上可分为设计、施工和运营 3 个阶段。每个阶段都对控制测量提出了不同的要求，其基本任务分述如下。

（一）在设计阶段建立用于测绘大比例尺地形图的测图控制网

各种比例尺地形图是工程勘测规划设计的依据。在这一阶段，设计人员要在大比例尺地形图上进行建筑物的设计或区域规划，以求得设计所依据的各项数据。因此，控制测量的任务是布设作为图根控制依据的测图控制网，以保证地形图的精度和各幅地形图之间的准确拼接。此外，对于地籍与房产测绘工作，这种测图控制网也是相应地籍与房产测量的根据。

（二）在施工阶段建立施工控制网

施工控制网是工程施工放样的依据。在这一阶段，施工测量的主要任务是将图纸上设计的建筑物放样到实地上去。对于不同的工程来说，施工测量的具体任务也不同。例如，隧道施工测量的主要任务是保证对向开挖的隧道能按照规定的精度贯通，并使各建筑物按照设计的位置修建；放样过程中，仪器所标出的方向、距离都是依据控制网和图纸上设计的建筑物计算出来的。因而在施工放样之前，需建立具有必要精度的施工控制网。

（三）在工程竣工后的运营阶段，建立以监视建筑物变形为目的的变形观测控制网

变形观测控制网是进行建筑物变形观测的依据。由于在工程施工阶段改变了地面的原有状态，加之建筑物本身的重量将会引起地基及其周围地层的不均匀变化。此外，建筑物本身及其基础，也会由于地基的变化而产生变形，这种变形，如果超过了某一限度，就会影响建筑物的正常使用，严重的还会危及建筑物的安全。在一些大城市（如我国的上海、天津）由

于地下水的过量开采，也会引起市区大范围的地面沉降，从而造成危害。因此，在竣工后的运营阶段，需对这种有怀疑的建筑物或市区进行变形监测。为此需布设变形观测控制网。由于这种变形的数值一般都很小，为了能足够精确地测出它们，要求变形观测控制网具有较高的精度。

应说明的是，以上3个阶段的划分界线并不是十分明确的。例如在施测阶段，有可能发现技术设计不符合实际，因而需局部地修改设计，这实际上又重新进行了设计与施测；同样在控制网的使用阶段，由于包含了网的维护与补测，因而部分地重复上述前2个阶段的工作也时有发生。

三、控制测量的作用

从控制测量的工作性质来说，其主要作用在于以下几点：

（1）控制网（点）是进行各项测量工作的基础。控制网的建立是为完成具体测量任务而进行的前期准备工作。为满足地形测绘需要，建立测图控制网；为满足工程施工需要，建立施工控制网；为满足工程运营管理需要，建立变形监测控制网。

（2）控制网具有控制全局的作用。测量的基本原则，要求"从整体到局部，先控制后碎部"，对测图控制网而言，要求所测的各幅地形图具有一定的精度，能够相互拼接成为一个整体；对施工控制网而言，为保证建筑物各轴系之间相关位置的正确性，施工控制网要满足施工放样的精度要求。

（3）控制网可以限制测量误差的传递和积累。建立控制网时采用分级布网、逐级控制的原则，从技术上限制了误差的传递和积累。

从控制测量的服务对象来说，其主要作用在于以下几点：

（1）在国民经济建设和社会发展中，发挥基础性的重要保证作用。我国的交通运输、资源开发、水利水电工程、工业企业建设、农业生产规划、城市管理等事业的建设，都离不开作为规划设计依据的地形图。可以说，地形图是一切经济建设规划和发展必需的基础性资料。为了测绘地形图，就要布设全国范围内及区域性的大地测量控制网，以此为基础布设满足各种比例尺地形图测绘的测图控制网。因此，可以说控制测量在国民经济建设和社会发展中发挥着决定性的基础保证作用。

（2）控制测量在防灾、减灾、救灾及环境监测、评价与保护中发挥着特殊作用。利用行进的GPS、甚长基线干涉（VLBI）、激光测卫（SLR）等现代测量技术，可自动连续监测全球板块之间的运动，为人类预防地震造福。控制测量还可以在山体滑坡、泥石流及雪崩等灾害监测中发挥作用。利用GPS快速准确定位及卫星通信技术，将遇难的地点及情况通告救援组织，以便及时采取救援行动。

（3）控制测量在发展空间技术和国防建设中，在丰富和发展当代地球科学的有关研究中，以及在发展测绘工程事业中的地位和作用也越来越重要。

四、控制测量的主要内容

把控制测量看作研究对象，从科学研究的角度来说，控制测量的主要研究内容有：

（1）研究建立和维持高科技水平的工程和国家水平控制网和精密水准网的原理和方法，以满足国民经济和国防建设及地学科学研究的需要。

（2）研究获得高精度测量成果的精密仪器和科学的使用方法。

（3）研究地球表面测量成果向椭球及平面的数学投影变换及有关问题的测量计算。

（4）研究高精度和多类别的地面网、空间网及其联合网的数学处理的理论和方法、控制测量数据库的建立及应用等。

把控制测量看作一项工程，从完成工程项目的角度来说，控制测量的主要内容有：

（1）控制网的技术设计。主要对控制网的精度指标、工艺技术流程、工程进度、质量控制等进行设计。

（2）控制网的施测。依据技术设计报告和文件，完成控制网的选点、埋石、外业测量和数据处理。

（3）控制网的使用与维护。主要是对控制网成果进行有效管理，为工程建设项目的后续工作提供有用资料，并对控制网进行维护，必要时进行复测或补测。

以上概述了一般意义下的控制测量的基本任务和主要内容。本书依据这些基本体系和内容，介绍了控制测量的基本理论、技术和方法。为学生对后续课程的学习及从事测绘事业的专业技术人员打下坚实的基础。

控制测量在许多方面发挥着重要作用。可以说，地形图是一切经济建设规划和发展必需的基础性资料。为测制地形图，首先要布设全国范围内及局域性的大地测量控制网，为取得大地点的精确坐标，必须要建立合理的大地测量坐标系及确定地球的形状、大小及重力场参数。因此，控制测量在国民经济建设和社会发展中发挥着决定性的基础保证作用。

任务 1.2　控制网布设的基本形式

一、水平控制网的布设形式

控制测量的主要任务就是建立各种高精度测量控制网，用于精确测定地面点的位置，为后续的测量工作提供基础保障。随着测绘技术的不断发展，控制网的布设形式也在发生变化，正在由常规平面控制网的布设形式向以现代测量新技术为代表的新一代布设形式过渡。平面控制网的基本形式主要包括三角网、导线网、GPS网，下面分别介绍。

（一）三角网

20世纪70年代之前，三角测量是进行平面控制测量的首选方法，三角测量的体现形式就是三角网。在地面上选定一系列点位1，2…使互相观测的两点通视，把它们按三角形的形式连接起来即构成三角网。三角网中的观测量是网中的全部（或大部分）方向值。根据方向值可算出任意两个方向之间的夹角。

由于这种方法主要使用经纬仪完成大量的野外观测工作，所以在电磁波测距仪问世以前的年代，三角网是布设各级控制网的主要形式。三角网的主要优点：图形简单，网的精度较高，有较多的检核条件，易于发现观测中的粗差，便于计算。缺点：在平原地区或隐蔽地区易受障碍物的影响，布网困难大，有时不得不建造较高的觇标。

作为我国国家控制网的基本观测方法，在以前曾发挥过重要的作用，目前在实际工作中，大范围控制测量都采用 GPS 静态测量，小范围控制测量一般采用导线测量，三角网测量方法极少使用。

任何一个三角网均包含以下三类数据：

（1）起算数据。控制网的已知数据，包括起算点坐标、边长、方位角、高程等。

（2）观测数据。控制网中通过观测得到的数据。

（3）推算数据。由已知数据和观测数据经推算得到的数据（通常为结果数据）。

根据起算数据和观测数据，用正统定理依次推算出所有三角网的边长、各边的坐标方位角和各点的平面坐标，这就是三角测量的基本原理和方法。

以图 1-1 为例，待定点 3 的坐标可按下式计算：

$$S_{13} = S_{12} \frac{\sin B}{\sin C}, \tag{1-1}$$

$$\alpha_{13} = \alpha_{12} + A, \tag{1-2}$$

得到：

$$\begin{cases} \Delta x_{13} = S_{13} \cos \alpha_{13} \\ \Delta y_{13} = S_{13} \sin \alpha_{13} \end{cases}, \tag{1-3}$$

推出：

$$\begin{cases} x_3 = x_1 + \Delta x_{13} \\ y_3 = y_1 + \Delta y_{13} \end{cases}。 \tag{1-4}$$

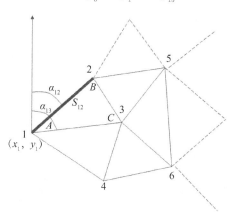

图 1-1　三角网待定点坐标计算

（二）导线网

导线网是目前工程测量控制网较常用的一种布设形式，它包括单一导线和具有一个或多个结点的导线网。网中的观测值是角度（或方向）和边长。独立导线网的起算数据是：一个起算点的（x，y）坐标和一个方向的方位角。

按照不同的情况和要求，导线可以布置成单一导线和导线网。单一导线又分为附合导线、闭合导线、支导线等形式，几条单一导线通过一个或多个结点连接成网状就称为导线网。图1-2为三个结点组成的导线网。

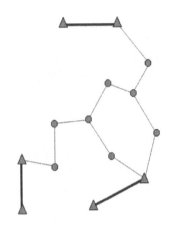

图1-2　三个结点组成的导线网

导线网与三角网相比，主要优点在于：

（1）网中各点上的方向数较少，除结点外只有两个方向，因而受通视要求的限制较小，易于选点和降低觇标高度，甚至无须造标。

（2）导线网的图形非常灵活，选点时可根据具体情况随时改变。

（3）网中的边长都是直接测定的，因此边长的精度较均匀。

导线网的主要缺点有：

（1）导线网中的多余观测数较同样规模的三角网要少，有时不易发现观测值中的粗差，因而可靠性相对较差。

（2）导线点控制的面积狭小。

由上述可见，导线网特别适合布设于障碍物较多的平坦地区或隐蔽地区。

（三）卫星定位网

全球定位系统（GPS）作为现代测量技术的代表，可为用户提供精密的三维坐标。进入20世纪90年代，随着卫星定位技术的引进，许多大、中城市的测绘单位及工程测量单位都广泛应用GPS方法布设控制网。GPS技术的出现，给控制测量带来了革命性改变，由于GPS测量精度高、测量速度快、经济、省力、操作简便、全天候工作等诸多优点，目前GPS方法已经占据平面控制测量绝对的主导地位。

GPS相对定位精度，在几十千米的范围内边长相对误差可优于10^{-6}，完全可以满足《城市测量规范》和《工程测量规范》对城市或工程二、三、四等网的精度要求。

关于GPS控制网布设的主要内容在本书项目6中详细介绍。

二、高程控制网的布设形式

工程高程控制网的布设应遵守分级布设的原则。

关于工程高程控制网的布设方案，《城市测量规范》规定，可以采用水准测量和三角高程测量。水准测量分为二、三、四等，作为工程高程控制网或专用高程控制网的基础。首级水准网等级的选择应根据城市面积的大小、城市的远景规划、水准路线的长短而定。首级网应布设成闭合环线，加密网可布设附合路线、结点网和闭合环。只有在山区等特殊情况下，才允许布设水准支线。

三角高程测量主要用于山区的高程控制和平面控制点的高程测定。应特别指出的是电磁波测距三角高程测量，近年来经过研究已普遍认为该法可达到四等水准测量的精度，也有人认为可以代替三等水准测量。因而《城市测量规范》规定，根据仪器精度和经过技术设计认为能满足城市高程控制网的基本精度时，可用以代替相应等级的水准测量。

高程控制网是进行各种比例尺测图和各种工程测量的高程控制基础，建立高程控制网的常用方法有几何水准测量、三角高程测量和 GPS 高程测量。

（一）几何水准测量

用水准仪配合水准标尺进行水准测量的方法称为几何水准测量法。用该方法建立起来的高程控制网称为水准网。直接用几何水准测量方法传递高程，可以取得很高的精度，它是建立全国性高程控制网、城市控制网等高精度高程控制网的主要方法。

（二）三角高程测量

三角高程测量的基本原理是根据测站点观测照准点的垂直角和两点间的距离（平距或斜距）来计算测站点与照准点之间的高差，进而求得地面点的高程。这种方法虽然精度较低，但布网简便灵活，受地形限制较小，适用于地形起伏较大的地区或精度要求较低的场合，因此作为一种辅助方法，有时也能起到重要作用。

（三）GPS 高程测量

采用 GPS 测定正高或正常高，称为 GPS 水准。通常，通过 GPS 测出的是大地高，要确定点的正高或正常高，需要进行高程系统转换，即需确定大地水准面差距或高程异常。由此可以看出，GPS 水准实际上包括两方面内容：一方面是采用 GPS 方法确定大地高，另一方面是采用其他技术方法确定大地水准面差距或高程异常。如果大地水准面差距已知，就能够进行大地高与正高间的相互转换，但当其未知时，则需要设法确定大地水准面差距的数值。

三、控制网的质量指标

在控制网的设计阶段，质量标准是设计的依据和目的，同时又是评定控制网质量的指标。质量标准包括精度标准、可靠性标准、费用标准、可区分标准及灵敏度标准等。其中常用的主要是前 3 个标准。

（一）精度标准

网的精度标准以观测值仅存在随机误差为前提，使用坐标参数的方差—协方差阵 D_{xx} 或

协因数阵 Q_{xx} 来度量，要求控制网中目标成果的精度应达到或高于预定的精度。

（二）可靠性标准

可靠性理论是以考虑观测值中不仅含有随机误差，还含有粗差为前提，并把粗差归入函数模型之中来评价控制网的质量。

控制网的可靠性，是指控制网能够发现观测值中存在的粗差和抵抗残存粗差对平差结果的影响的能力。

（三）费用标准

布设任何控制网都不可一味追求高精度和高可靠性而不考虑费用问题，尤其是在讲究经济效益的今天更是如此。控制网的优化设计，就是得出在费用最小（或不超过某一限度）的情况下使其他质量指标能满足要求的布网方案。

任务 1.3　国家平面控制网的布设原则和方案

一、布设原则

我国幅员辽阔，在大部分领域上布设国家天文大地网，是一项规模巨大的工程。为完成这一基础工程建设，在新中国成立初期国民经济相当困难的情况下，国家专门抽调了一批人力、物力、财力，从 1951 年即开始野外工作，一直延续到 1971 年才基本结束。面对如此艰巨的任务，显然事先必须全面规划、统筹安排，制定一些基本原则，用以指导建网工作。这些原则是：应分级布网、逐级控制；应有足够的精度；应有足够的密度；应有统一的规格。现进一步论述如下。

（一）应分级布网、逐级控制

由于我国领土辽阔，地形复杂，不可能用最高精度和较大密度的控制网一次布满全国。为了适时地保障国家经济建设和国防建设用图的需要，根据主次缓急而采用"分级布网、逐级控制"的原则是十分必要的。即先以精度高而稀疏的一等三角锁尽可能沿经纬线方向纵横交叉地迅速布满全国，形成统一的骨干大地控制网，然后再在一等锁环内逐级（或同时）布设二、三、四等控制网。

（二）应有足够的精度

控制网的精度应根据需要和可能来确定。作为国家大地控制网骨干的一等控制网，应力求精度更高些才有利于为科学研究提供可靠的资料。

为了保证国家控制网的精度，必须对起算数据和观测元素的精度、网中图形角度的大小等，提出适当的要求和规定。这些要求和规定均列于《国家三角测量和精密导线测量规范》（以下简称国家规范）中。

（三）应有足够的密度

控制点的密度，主要根据测图方法及测图比例尺的大小而定。比如，用航测方法成图时，密度要求的经验数值见表 1-1，表中的数据主要是根据经验得出的。

表 1-1　各种比例尺航测成图时对平面控制点的密度要求

测图比例尺	每幅图要求点数	每个三角点控制面积	三角网平均边长	等级
1：50 000	3	约 150 km²	13 km	二等
1：25 000	2~3	约 50 km²	8 km	三等
1：10 000	1	约 20 km²	2~6 km	四等

由于控制网的边长与点的密度有关，所以在布设控制网时，对点的密度要求是通过规定控制网的边长而体现出来的。对于三角网而言，边长 s 与点的密度（每个点的控制面积）Q 之间的近似关系为 $s = 1.07\sqrt{Q}$ 。将表 1-1 中的数据代入此式得出：

$$s = 1.07\sqrt{150} \approx 13 \text{（km），}$$

$$s = 1.07\sqrt{50} \approx 8 \text{（km），}$$

$$s = 1.07\sqrt{20} \approx 5 \text{（km）。}$$

因此国家规范中规定，国家二、三等三角网的平均边长分别为 13 km 和 8 km。

（四）应有统一的规格

由于我国三角锁网的规模巨大，必须有大量的测量单位和作业人员分区同时进行作业，为此，必须由国家制定统一的大地测量法式和作业规范，作为建立全国统一技术规格的控制网的依据。

二、三角锁布设方案

根据国家平面控制网施测时的测绘技术水平，我国决定采取传统的三角网作为水平控制网的基本形式，只是在青藏高原特殊困难的地区布设了一等电磁波测距导线。现将国家三角网的布设方案和精度要求概略介绍如下。

（一）一等三角锁布设方案

一等三角锁是国家大地控制网的骨干，其主要作用是控制二等以下各级三角测量，并为地球科学研究提供资料。

一等三角锁尽可能沿经纬线方向布设成纵横交叉的网状图形，如图 1-3 所示。在一等锁交叉处设置起算边，以获得精确的起算边长，并可控制锁中边长误差的积累，起算边长度测定的相对中误差 $m_b/b < 1:350\,000$。多数起算边的长度是采用基线测量的方法求得的。随着电磁波测距技术的发展，后来少数起算边的测定已为电磁波测距法所代替。

一等锁在起算边两端点上精密测定了天文经纬度和天文方位角，作为起算方位角，用来控制锁、网中方位角误差的积累。一等天文点测定的精度是：纬度测定中误差 $m_\varphi \leq \pm 0.3''$，经度测定的中误差 $m_\lambda < \pm 0.02''$，天文方位角测定的中误差 $m_a < \pm 0.5''$。

一等锁两起算边之间的锁段长度一般为 200 km 左右，锁段内的三角形个数一般为 16~

17 个。角度观测的精度，按一锁段三角形闭合差计算所得的测角中误差应小于±0.7″。

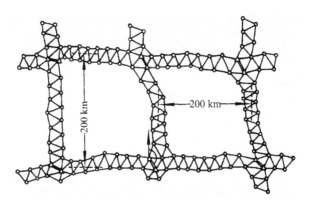

图 1-3　国家一等三角锁

一等锁一般采用单三角锁。根据地形条件，也可组成大地四边形或中点多边形，但对于不能显著提高精度的长对角线应尽量避免。一等锁的平均边长，山区一般约为 25 km，平原区一般约为 20 km。

（二）二等三角锁、网布设方案

二等三角网是在一等锁控制下布设的，它是国家三角网的全面基础，同时又是地形测图的基本控制。因此，必须兼顾精度和密度两个方面的要求。

20 世纪 60 年代以前，我国二等三角网曾采用二等基本锁和二等补充网的布设方案。即在一等锁环内，先布设沿经纬线纵横交叉的二等基本锁（图 1-4），将一等锁环分为大致相等的 4 个区域。二等基本锁平均边长为 15～20 km；按三角形闭合差计算所得的测角中误差小于±1.2″。另在二等基本锁交叉处测量基线，精度为 1∶200 000。

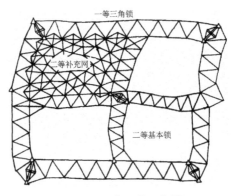

图 1-4　国家二等三角锁

在一等三角锁和二等基本锁控制下，布设平均边长约为 13 km 的二等补充。按三角形闭合差计算所得的测角中误差小于±2.5″。

为了控制边长和角度误差的积累，以保证二等网的精度，在二等网中央处测定了起算边及其两端点的天文经纬度和方位角，测定的精度与一等点相同。当一等锁环过大时，还在二等网的适当位置，酌情加测了起算边。

二等网的平均边长为 13 km，由三角形闭合差计算所得的测角中误差小于±1.0″。由二等锁和旧二等网的主要技术指标可见，这种网的精度，远较二等全面网低。

(三) 三、四等三角网布设方案

三、四等三角网是在一、二等网控制下布设的，是为了加密控制点，以满足测图和工程建设的需要。三、四等点以高等级三角点为基础，尽可能采用插网方法布设，但也采用了插点方法布设，或越级布网。即在二等网内直接插入四等全面网，而不经过三等网的加密。

三等网的平均边长为 8 km，四等网的边长在 2～6 km 范围内变通。由三角形闭合差计算所得的测角中误差，三等为±1.8″，四等为±2.5″。

三、四等三角网的图形结构如图 1-5 所示，图 1-5 a 中的三、四等三角网，边长较长，与高级网接边的图形大部分为直接相接，适用于测图比例尺较小，要求控制点密度不大的情况。图 1-5 b 中的三、四等三角网，边长较短，低级网只附合于高级点而不直接与高级边相接，适用于大比例尺测图，要求控制点密度较大的情况。

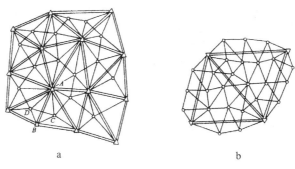

图 1-5　国家三、四等三角网

三、GPS 网布设方案

GPS 定位技术具有精度高、速度快、费用省、全天候、操作简便等优点，因此，它广泛应用于大地测量领域和工程测量领域。用 GPS 技术建立起来的控制网叫 GPS 网。一般可以把 GPS 网分为两大类：一类是全球或全国性的高精度的 GPS 网，另一类是区域性的 GPS 网。后者是指国家 C、D、E 级 GPS 网或专为工程项目而建立的工程 GPS 网，这种网的特点是控制面积不大，边长较短，观测时间不长，现在全国用 GPS 技术布设的区域性控制网很多，下面只把我国利用 GPS 技术已建立的几个全国性的 GPS 网做简要介绍。

(一) 国家 GPS A 级网

1992 年，在中国资源卫星应用中心和中国测绘规划设计中心组织协调下，由国家测绘局、国家地震局等单位，利用国际全球定位系统地球动力学服务 IGS 92 会战的机会，实施完成的一次全国性的精密 GPS 定位，建立了国家 GPS A 级网。目的是在全国范围内确定精确的地心坐标，建立起我国新一代的地心参考框架及其与国家坐标系的转换参数，以优于 10^{-7} 量级的相对精度确定站间基线向量，布设成国家 A 级网。全网由 27 个点组成，平均边长 800 km，平差后在 ITRF 91 地心参考框架中的定位精度优于 0.1 m，边长相对精度一般

优于 10^{-8}。

之后，又对 1992 年建立的 GPS A 级网进行了改造，在我国西部等地区增加了新的点位。经数据精处理后基线分量重复性水平方向优于 4 mm＋3 ppm·D，垂直方向优于 8 mm＋4 ppm·D，地心坐标分量重复性优于 2 cm。全网整体平差后，在 ITRF 93 参考框架中的地心坐标精度优于 10 cm，基线边长的相对精度优于 10^{-8}。

(二) 国家 GPS B 级网

在国家 GPS A 级网的控制下，大约用了 5 年的时间，又建立了国家 GPS B 级网。全网由 818 个点组成，分布全国各地（除台湾地区外）。东部点位较密，平均站间 50～70 km，中部地区平均站间 100 km，西部地区平均站间距离 150 km。外业自 1991 年开始，至 1995 年结束，经数据精处理后，点位中误差相对于已知点在水平方向优于 0.07 m，高程方向优于 0.16 m，平均点位中误差水平方向为 0.02 m，垂直方向为 0.04 m，基线相对精度达到 10^{-7}。

(三) 全国 GPS 一、二级网

全国 GPS 一、二级网是军测部门建立的，一级网由 40 余个点组成。大部分点与国家三角点（或导线点）重合，水准高程进行了联测。一级网相邻点间距离最大为 1667 km，最小为 86 km，平均为 683 km。外业观测自 1991 年 5 月至 1992 年 4 月进行，网平差后基线分量相对误差平均在 0.01 ppm 左右，最大为 0.024 ppm，绝大多数点的点位中误差在 2 cm 以内。二级网由 500 多个点组成，二级网是一级网的加密。二级网与地面网联系密切，有 200 多个二级点与国家三角点（或导线点）重合，所有点都进行了水准联测，全网平均距离为 164.7 km。外业观测于 1992—1994 年和 1995—1997 年两个阶段完成。网平差后基线分量相对误差平均在 0.02 ppm 左右，最大为 0.245 ppm，网平差后大地纬度、大地经度和大地高的中误差平均值分别为 0.18 cm、0.21 cm 和 0.81 cm。

任务 1.4 国家高程控制网的布设原则和方案

国家高程控制网是用水准测量方法布设的，其布设原则与平面控制网布设原则相同。根据"分级布网、逐级控制"的原则，将水准网分成 4 个等级。一等水准路线是高程控制的骨干，在此基础上布设的二等水准路线是高程控制的全面基础。在一、二等水准网的基础上加密三、四等水准路线，直接为地形测量和工程建设提供必要的高程控制。按国家水准测量规范规定，各等级水准路线一般都应构成闭合环线或附合于高级水准路线上。我国各级水准网布设的规格及精度见表 1-2。

国家高程控制测量主要是用水准测量方法进行国家水准网的布测。国家水准网是全国范围内施测各种比例尺地形图和各类工程建设的高程控制基础，并为地球科学研究提供精确的高程资料，如研究地壳垂直形变的规律，各海洋平均海水面的高程变化，以及其他有关地质和地貌的研究等。

表 1-2　各级水准网布设的规格及精度

等级		环线周长（km）	附合路线长（km）	M_Δ（mm）	M_w（mm）
一等	平原、丘陵	1000～1500	—	≤±0.5	≤±1.0
	山地	2000	—		
二等		500～750	—	≤±1.0	≤±2.0
三等		300	200	≤±3.0	≤±6.0
四等		—	80	≤±5.0	≤±10.0

注：M_Δ——每千米水准测量高差中数的偶然中误差；M_w——每千米水准测量高差中数的全中误差。

　　国家水准网的布设也是采用由高级到低级、从整体到局部逐级控制、逐级加密的原则。国家水准网分 4 个等级布设，一、二等水准测量路线是国家的精密高程控制网。一等水准测量路线构成的一等水准网是国家高程控制网的骨干，同时也是研究地壳和地面垂直运动及有关科学问题的主要依据，每隔 15～20 年沿相同的路线重复观测一次。构成一等水准网的环线周长根据不同地形的地区，一般在 1000～2000 km。在一等水准环内布设的二等水准网是国家高程控制的全面基础，其环线周长根据不同地形的地区在 500～750 km。一、二等水准测量统称为精密水准测量。

　　我国一等水准网由 289 条路线组成，其中 284 条路线构成 100 个闭合环，共计埋设各类标石近 2 万座。全国一等水准网布设略图如图 1-6 所示。

图 1-6　国家高程控制网

　　二等水准网在一等水准网的基础上布设。我国已有 1138 条二等水准测量路线，总长为 13.7 万千米，构成 793 个二等环。

　　三、四等水准测量直接提供地形测图和各种工程建设所必需的高程控制点。三等水准测量路线一般可根据需要在高级水准网内加密，布设附合路线，并尽可能互相交叉，构成闭合环。单独的附合路线长度应不超过 200 km；环线周长应不超过 300 km。四等水准测量路线一般以附合路线布设于高级水准点之间，附合路线的长度应不超过 80 km。

任务 1.5   工程控制网的布设原则和方案

一、布设原则

如任务 1.1 所述，工程测量控制网可分为两种：一种是在各项工程建设的规划设计阶段，为测绘大比例尺地形图和房地产管理测量而建立的控制网，叫作测图控制网；另一种是为工程建筑物的施工放样或变形观测等专门用途而建立的控制网，我们称其为专用控制网。建立这两种控制网时亦应遵守下列布网原则。

1. 分级布网、逐级控制

对于工程测量控制网，通常先布设精度要求最高的首级控制网，随后根据测图需要，测区面积的大小再加密若干级较低精度的控制网。用于工程建筑物放样的专用控制网，往往分二级布设。第一级做总体控制，第二级直接为建筑物放样而布设；用于变形观测或其他专门用途的控制网，通常无须分级。

2. 要有足够的精度

以工程测量控制网为例，一般要求最低一级控制网（四等网）的点位中误差能满足大比例尺 1：500 的测图要求。按图上 0.1 mm 的绘制精度计算，这相当于地面上的点位精度为 $0.1 \times 500 = 5$（cm）。对于国家控制网而言，尽管观测精度很高，但由于边长比工程测量控制网长得多，待定点与起始点相距较远，因而点位中误差远大于工程测量控制网。

3. 要有足够的密度

不论是工程测量控制网或专用控制网，都要求在测区内有足够多的控制点。如前所述，控制点的密度通常是用边长来表示的。《城市测量规范》中对于城市三角网平均边长的规定列于表 1-3 中。

表 1-3   三角网的主要技术要求

等级	平均边长（km）	测角中误差（″）	起算边相对中误差	最弱边相对中误差
二等	9	±1.0	1/300 000	1/120 000
三等	5	±1.8	1/200 000（首级） 1/120 000（加密）	1/80 000
四等	2	±2.5	1/120 000（首级） 1/80 000（加密）	1/45 000
一级小三角 二级小三角	1 0.5	±5 ±10	1/40 000 1/20 000	1/20 000 1/10 000

4. 要有统一的规格

为了使不同的工程测量部门施测的控制网能够互相利用、互相协调，也应制定统一的规范，如现行的《城市测量规范》和《工程测量规范》。

二、布设方案

以《城市测量规范》为例，将其中三角网的主要技术要求列于表 1-3，电磁波测距导线的主要技术要求列于表 1-4。从这些表中可以看出，工程测量三角网具有如下的特点：①各等级三角网平均边长较相应等级的国家网边长显著地缩短；②三角网的等级较多；③各等级控制网均可作为测区的首级控制。这是因为工程测量服务对象非常广泛，测区面积大的可达几千平方千米（例如大城市的控制网），小的只有几公顷（例如工厂的建厂测量），根据测区面积的大小，各个等级控制网均可作为测区的首级控制；④三、四等三角网起算边相对中误差，按首级网和加密网分别对待。对独立的首级三角网而言，起算边由电磁波测距求得，因此起算边的精度以电磁波测距所能达到的精度来考虑。对加密网而言，则要求上一级网最弱边的精度应能作为下一级网的起算边，这样有利于分级布网、逐级控制，而且也有利于采用测区内已有的国家网或其他单位已建成的控制网作为起算数据。以上这些特点主要是考虑到工程测量控制网应满足最大比例尺 1∶500 测图的要求而提出的。

表 1-4 电磁波测距导线的主要技术要求

等级	附合导线长度 (km)	平均边长 (m)	每边测距中误差 (mm)	测角中误差 (″)	导线全长相对闭合差
三等	15	3000	±18	±1.5	1/60 000
四等	10	1600	±18	±2.5	1/40 000
一级	3.6	300	±15	±5	1/14 000
二级	2.4	200	±15	±8	1/10 000
三级	1.5	120	±15	±12	1/6 000

此外，在我国目前测距仪使用较普遍的情况下，电磁波测距导线已上升为比较重要的地位。表 1-4 中电磁波测距导线共分 5 个等级，其中的三、四等导线与三、四等三角网属于同一个等级。这 5 个等级的导线均可作为某个测区的首级控制。

三、专用控制网的布设特点

专用控制网是为工程建筑物的施工放样或变形观测等专门用途而建立的。由于专用控制网的用途非常明确，因此建网时应根据特定的要求进行控制网的技术设计。例如，桥梁三角网对于桥轴线方向的精度要求应高于其他方向的精度，以利于提高桥墩放样的精度；隧道三角网则对垂直于直线隧道轴线方向的横向精度的要求高于其他方向的精度，以利于提高隧道贯通的精度；用于建设环形粒子加速器的专用控制网，其径向精度应高于其他方向的精度，以利于精确安装位于环形轨道上的磁块。以上这些问题将在工程测量中进一步介绍。

任务1.6 控制测量的作业流程

接受任务以后，先收集本测区的资料，包括小比例尺地形图和去测绘管理部门抄录已有控制点成果，然后去测区踏勘，了解测区行政隶属、气候及地物、地貌状况、交通现状、当地风俗习惯等。同时踏勘原有三角点、导线点和水准点，了解觇标、标石和标志的现状。

在收集资料和现场踏勘的基础上进行控制网的技术设计。既要考虑控制网的精度，又要考虑节约作业费用，也就是说在进行控制网图上选点时，要从多个方案中选择技术和经济指标最佳的方案，这就是控制网优化问题。

根据图上设计进行野外实地选点，就是把图上设计的点位放到实地上去，或者说通过实地选点实现图上设计的目的。当然，在实地选点时根据实地情况改变原设计亦是常见的事。

为了长期保存点位和便于观测工作的开展，还应在所选的点上造标埋石。观测就是在野外采集确定点位的数据，其中包括大量的必要的观测数据，亦含有一定的多余观测数据。计算是根据观测数据通过一定方法计算出点的最合适位置。控制测量的作业流程如图1-7所示。

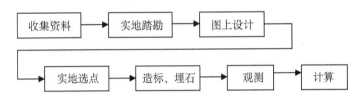

图1-7 控制测量的作业流程

控制测量的任务是精确确定控制点的空间位置。其作业流程还可简化为以下三步。

（1）选定控制点的位置

按工程建设的精度要求，并结合具体地形情况，在实地确定控制点点位，并将其标志出来。其工作步骤包括收集资料，实地踏勘，图上设计，实地选点，造标、埋石。

（2）观测

用精密的仪器和科学的操作方法将控制网中的观测元素精密测定出来。

（3）计算

用严密的计算方法将控制点的空间位置计算出来。计算步骤包括归算（将地面观测结果归算至椭球面上）、投影（将椭球面上的归算结果投影到高斯平面上）、平差（在高斯平面上按最小二乘法进行严密平差）。

———————— 项目小结 ————————

控制测量是指在一定的范围内，按测量任务所要求的精度，测定一系列地面标志点（控制点）的水平位置和高程，建立控制网，并监测其随时间变化量的工作。本项目主要介绍控制测量的相关基本知识，包括控制测量的基本任务与主要内容，控制网布设的基本形式，国家平面、高程控制网的布设原则和方案，控制测量的作业流程等。通过了解和掌握这些基本知识，为后续控制测量相关内容提供知识准备。

思 考 题

1. 控制测量的任务和作用是什么？
2. 控制测量工作的基本内容是什么？
3. 国家平面和高程控制网的布设原则是什么？
4. 控制测量的形式都包括那些？
5. 与传统的控制测量方法相比，GPS 定位技术都有哪些优点？
6. 建立平面控制网和高程控制网的方法有哪些？
7. 控制测量工作的流程是什么？

情境二

控制测量技术设计

项目 2　控制测量技术设计

　[项目提要]

　　本项目主要介绍控制测量技术设计的方法，并通过具体控制测量工程技术设计实例，让学生掌握工程水平控制网技术设计书的编制方法，掌握水平控制网和高程控制网技术设计过程中实地选点、埋石及绘制点之记的方法，制订作业方案，提出技术要求，最终上交资料。

任务 2.1　控制测量技术设计书的编写

　　工程控制网的服务范围非常广泛，各种不同的工程建设对控制网提出了不同的精度要求。因此，在控制测量施测前，必须编写出既合理又经济的技术设计书。在控制测量设计的过程中，应充分利用原有的控制测量成果，做出合理的设计方案，并对设计方案做出精度评估，使得设计方案既能保证精度要求，又有良好的经济指标。

一、技术设计概述

（一）技术设计的意义和主要任务

1. 技术设计的意义

　　编制技术设计书的主要任务是根据工程建设的要求，结合测区的自然地理条件特征，选择最佳布网方案，保证在所测定的期限内"多、快、好、省"地全面完成生产任务，保证测绘产品符合技术标准和用户要求，并获得最佳的社会效益。在技术设计书中应明确测量目的、任务和要求，测区的自然地理条件，最佳布网方案的论证和控制网的主要技术指标等。

2. 技术设计的主要任务

（1）根据生产任务，结合测区具体情况，拟定最佳控制网布设方案。

（2）确定适宜的精度等级。

（3）拟定建网实施计划。

（二）技术设计的依据和基本原则

1. 技术设计的依据

（1）上级下达任务的文件或合同书。

（2）有关的法规和技术标准。

（3）有关测绘产品的生产定额、成本定额和装备标准等。

2. 技术设计的基本原则

（1）技术设计方案应先考虑整体而后局部，且顾及发展；要满足用户的要求，重视社会效益和经济效益。

（2）要从作业区实际情况出发，考虑作业单位的实力（人员技术素质和装备情况），挖掘潜力，选择最佳方案。

（3）广泛收集、认真分析和充分利用已有的测绘产品及资料。

（4）积极采用适用的新技术、新方法和新工艺。

（三）编写技术设计书

技术设计书应包括以下几方面的内容。

1. 任务概述

在本部分中应说明测区的概况，包括任务的名称、来源、作业区范围、地理位置、行政隶属、项目内容、产品种类及形式、任务量、要求达到的主要精度指标、质量要求、完成期限和产品接收单位。同时还应说明建网的目的、已有的测绘资料和作业单位的技术力量等。

2. 作业区自然地理概况

作业区自然地理概况包括地理特征、居民地、交通、气候情况、民族风俗习惯、物质供应情况和作业区困难类别。

3. 已有资料的利用情况

说明资料中测绘工程完成情况，主要资料情况及评价，利用的可能性和利用方案等。包括对现有资料进行分析、检查坐标系统及高程系统是否一致、是否需要进行换带计算、点位是否保存完好、等级及精度是否能达到本次工程要求、根据工程要求选择投影带和投影基准面等。

4. 主要作业方法和技术规定

针对实际的测量任务，对全面布网和逐级布网的优缺点进行论述，选择合理的布网方法。一般在确定布网方案时先选择两种方案，方案包括网形的初步设计、优化计算、可行方案的工作量和经费估算等，然后对它们进行分析比较，得出最佳方案。对于选定的方案列出作业中需要用到的仪器、观测方法及技术指标要求、特殊的技术要求，采用新技术、新方法、新工艺的依据和技术要求，保证质量的主要措施和要求等。

5. 计划安排和经费预算

（1）作业区困难类别的划分。

（2）工作量统计：根据设计方案，分别计算各程序的工作量。

（3）进度计划：根据工作量统计和计划投入生产实力，参照生产定额，分别列出进度计划和各工序的衔接计划。

（4）经费预算：根据设计方案和进度计划，参照有关生产定额和成本定额，编制经费计划，并做必要的说明。

6. 附件

（1）可供利用的已有资料清单。

（2）附图、附表。

（3）其他。

二、技术设计中的几个技术问题

技术设计的任务是根据控制网的布设宗旨结合测区的具体情况拟定网的布设方案，必要时应拟定几种可行方案。经过分析对比确定一种从整体来说为最佳的方案，作为布网的基本依据。

（一）控制网优化设计

先提出多种布网方案，测角网、测边网、导线网、边角组合网及测哪些边、测哪些角等，根据网形和各点近似坐标，利用计算程序进行精度估算，优选出点位中误差最小、相对点位中误差在重要方向上的分量最小、观测工作量最小的方案。

（二）技术设计的内容和步骤

1. 搜集和分析资料

（1）测区内各种比例尺的地形图。

（2）已有的控制测量成果（包括全部有关技术文件、图表、手簿等）。特别应注意是否有多个单位施测的成果，如果有，则应了解各套成果间的坐标系、高程系统是否统一及如何换算等问题。

（3）有关测区的气象、地质等情况，以供建标、埋石、安排作业时间等方面的参考。

（4）现场踏勘了解已有控制标志的保存完好情况。

（5）调查测区的行政区划、交通便利情况和物资供应情况。若在少数民族地区，则应了解民族风俗、习惯。

首先对搜集到的上述资料进行分析，以确定网的布设形式，起始数据如何获得，网的未来扩展等。其次还应考虑网的坐标系投影带和投影面的选择。此外还应考虑网的图形结构，旧有标志可否利用等问题。

2. 控制网的图上设计

根据对上述资料进行分析的结果，按照有关规范的技术规定，在中等比例尺图上以"下棋"的方法确定控制点的位置和网的基本形式。

图上设计对点位的基本要求包括以下几点。

（1）从技术指标方面考虑

图形结构良好，边长适中，对于三角网求距角不小于 $30°$；便于扩展和加密低级网，点位要选在视野辽阔，展望良好的地方；为减弱旁折光的影响，要求视线超越（或旁离）障碍物一定的距离；点位要长期保存，宜选在土质坚硬，易于排水的高地上。

（2）从经济指标方面考虑

充分利用制高点和高建筑物等有利地形、地物，以便在不影响观测精度的前提下，尽量降低觇标高度；充分利用旧点，以便节省造标、埋石费用，同时可避免在同一地方不同单位建造数座觇标，出现既浪费国家资财，又容易造成混乱的现象。

（3）从安全生产方面考虑

点位离公路、铁路和其他建筑物及高压电线等应有一定的距离。

（三）平面控制测量技术设计

平面控制网的布设，可采用卫星定位测量控制网、导线及导线网、三角形网等形式。平面控制网精度等级的划分：卫星定位测量控制网依次为二、三、四等和一、二级，导线及导线网依次为三、四等和一、二、三级，三角形网依次为二、三、四等和一、二级。

1. 控制网布设应符合的条件

卫星定位测量控制网的布设，应符合下列要求。

（1）应根据测区的实际情况、精度要求、卫星状况、接收机的类型和数量及测区已有的测量资料进行综合设计。

（2）首级网布设时，宜联测 2 个以上高等级国家控制点或地方坐标系的高等级控制点；对控制网内的长边，宜构成大地四边形或中点多边形。

（3）控制网，应由独立观测边构成一个或若干个闭合环或附合路线，各等级控制网中构成闭合环或附合路线的边数不宜多于 6 条。

（4）各等级控制网中独立基线的观测总数，不宜少于必要观测量的 1.5 倍。

（5）加密网应根据工程需要，在满足本规范精度要求的前提下可采用比较灵活的布网方式。

（6）对于采用 GPS-RTK 测图的测区，在控制网的设计中应顾及参考站点的分布及位置。

导线网的布设应符合下列要求：

（1）导线网用作测区的首级控制时，应布设成环形网或多边形网，宜联测 2 个已知方向。

（2）加密网可采用单一附合导线或多结点导线网形式。

（3）导线宜布设成直伸形状，相邻边长不宜相差过大。

(4) 网内不同线路上的点也不宜相距过近。

2. 实地选点

选点是把图上设计的点位落实到实地，并根据具体情况进行修改。图上设计是否正确及选点工作是否顺利，在很大程度上取决于所用的地形图是否准确。如果差异较大，则应根据实际情况确定点位，对原来的图上设计做出修改。

卫星定位测量控制点位的选定，应符合下列要求：

(1) 点位应选在质地坚硬、稳固可靠的地方，同时要有利于加密和扩展，每个控制点至少应有一个通视方向。

(2) 视野开阔，高度角在15°以上的范围内，应无障碍物；点位附近不应有强烈干扰接收卫星信号的干扰源或强烈反射卫星信号的物体。

(3) 充分利用符合要求的旧有控制点。

导线网控制点点位的选定，应符合下列要求：

(1) 点位应选在质地坚硬、稳固可靠、便于保存的地方，视野应相对开阔，便于加密、扩展和寻找。

(2) 相邻点之间应通视良好，其视线距障碍物的距离，三、四等不宜小于 1.5 m；四等以下宜保证便于观测，以不受旁折光的影响为原则。

(3) 当采用电磁波测距时，相邻点之间视线应避开烟囱、散热塔、散热池等发热体及强电磁场。

(4) 相邻两点之间的视线倾角不宜太大。

(5) 充分利用旧有控制点。

选点任务完成后，应提供下列资料：

(1) 选点图。

(2) 点之记。

(3) 控制点一览表，表中应填写点名、等级、至邻点的概略方向和边长、建议建造的觇标类型及高度、对造埋和观测工作的意见等。

3. 平面控制点标石的埋设

测量标石是控制点的永久标志。无论是野外测量、还是内业计算，都以标石的标志中心为准。如果标石被破坏或发生位移，测量成果就会失效，点便报废了。因此，中心标石的埋设一定要十分牢固。

(1) 平面控制点标志

二、三、四等平面控制标志可采用磁质或金属等材料制作，其规格如图 2-1 和图 2-2 所示。一、二级小三角点，一级及以下导线点、埋石图根点等平面控制点标志可采用 φ14～φ20、长度为 30～40 cm 的普通钢筋制作，钢筋顶端应锯"＋"字标记，距底端约 5 cm 处应弯成钩状。

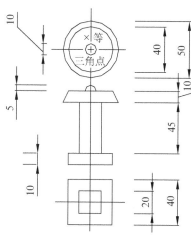

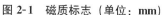

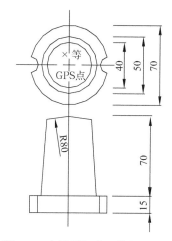

图 2-1 磁质标志（单位：mm）　　　　图 2-2 金属质标志（单位：mm）

（2）平面控制点标石

二、三等平面控制点标石规格及埋设结构图，如图 2-3 所示，柱石与盘石间应放 1～2 cm 厚粗砂，两层标石中心的最大偏差不应超过 3 mm。四等平面控制点可不埋盘石，柱石高度应适当加大。一、二级平面控制点标石规格及埋设结构图，如图 2-4 所示。

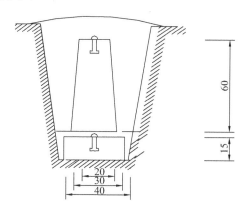

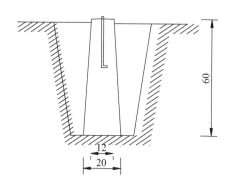

图 2-3 二、三等平面控制点标石埋设图　　　图 2-4 一、二级平面控制点标石埋设图
　　　　　（单位：cm）　　　　　　　　　　　　　（单位：cm）

4. 绘制点之记

控制点标志埋设以后，需要绘制点之记。点之记是以图形和文字的形式对点位的描述。点之记中包括的主要内容有：点名、点号、位置描述、点位略图及说明、断面图等。

（四）高程控制测量技术设计

高程控制测量精度等级的划分，依次为二、三、四、五等。各等级高程控制宜采用水准测量，四等及以下等级可采用电磁波测距三角高程测量，五等也可采用 GPS 拟合高程测量。

首级高程控制网的等级，应根据工程规模、控制网的用途和精度要求合理选择。首级网应布设成环形网，加密网宜布设成附合路线或结点网。测区的高程系统，宜采用 1985 国家高程基准。在已有高程控制网的地区测量时，可沿用原有的高程系统；当小测区联测有困难时，也可采用假定高程系统。

1. 水准点的布设与埋石

水准点的布设与埋石，应符合下列规定：

（1）高程控制点间的距离，一般地区应为 1～3 km，工业厂区、城镇建筑区宜小于 1 km。但一个测区及周围至少应有 3 个高程控制点。

（2）应将点位选在质地坚硬、密实、稳固的地方或稳定的建筑物上，且便于寻找、保存和引测。当采用数字水准仪作业时，水准路线还应避开电磁场的干扰。

（3）宜采用水准标石，也可采用墙水准点。标志及标石的埋设规格，应按相应测量规范执行。

（4）埋设完成后，二、三等点应绘制点之记，其他控制点可视需要而定。必要时还应设置指示桩。

2. 高程控制点标石的埋设

（1）高程控制点标志

二、三、四等水准点标志可采用磁质或金属等材料制作，其规格如图 2-5 和图 2-6 所示。三、四等水准点及四等以下高程控制点亦可利用平面控制点点位标志。

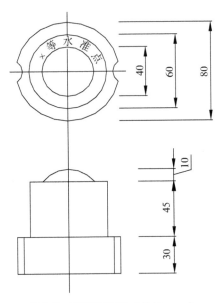

图 2-5 磁质标志图（单位：cm）

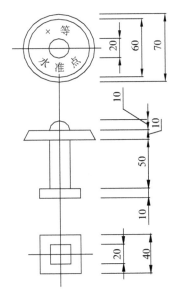

图 2-6 金属标志图（单位：cm）

（2）高程控制点标石

二、三等水准点标石规格及埋设结构图，如图 2-7 所示。四等水准点标石的埋设规格结构图，如图 2-8 所示。

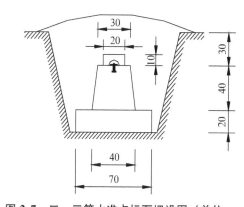

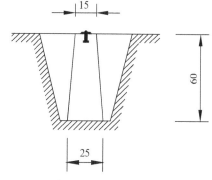

图 2-7　二、三等水准点标石埋设图（单位：cm）　　　图 2-8　四等水准点标石埋设图（单位：cm）

任务 2.2　控制测量技术设计实例

西柳镇 1∶500 数字化地形图测绘控制测量技术设计书

一、任务概述

为满足海城市西柳镇总体规划方案修编的需要，×××规划设计院测绘大队负责承担该项目 1∶500 数字化地形图的测绘工程。测绘工作时间为 2014 年 9 月 14 日—2014 年 9 月 30 日。

西柳镇位于辽宁省海城市以北部约 50 千米处，隶属海城市。西柳镇的经济主要以商贸、工业、农业为主，其镇内的服装市场闻名全国。西柳镇内的交通便利，长大铁路、沈大公路贯穿境内。测区内地形平缓，大部分是房区，属城建区 IV 类地形，测绘难度较大。

测区范围：北起小码村，南到火车站，西起后古村，东至东柳村，测绘面积约为 18 平方千米。

二、旧有测绘资料的分析和利用

（1）测区内有国家 II 级导线控制点，已作为本测区的平面控制起算点。

（2）测区内的 II 级导线为 IV 等水准的精度，已作为本测区的高程控制起算点。

（3）辽宁省测绘局测绘的 1∶10 000 地形图，已作为制订计划及踏勘、设计、选点用图。

三、作业依据

（1）《全球定位系统（GPS）测量规范》（GB/T 18314—2009）（以下简称《GPS 规范》）；

（2）《国家三、四等水准测量规范》（GB/T 12898—2009）；

（3）《城市测量规范》（CJJ/T 8—2011）；

（4）《1∶500、1∶1000、1∶2000 地形图图式》（GB/T 20257.1—2007）；

（5）《数字测绘成果质量检查与验收》（GB/T 18316—2008）；

（6）本《技术设计书》及相关《技术补充规定》。

四、基本技术要求

（一）投影带、坐标系及高程系

平面坐标系采用 1980 西安坐标系，中央子午线大地经度 123°，高斯 3°带投影。高程系采用 1985 国家高程基准。

（二）基本等高距

测区的测图类别属城建区，故地形图基本等高距为 0.5 m。

五、平面控制测量

（一）D 级 GPS 测量

本区以Ⅱ中柳、Ⅲ解庄、Ⅲ官山等为起算点，沿测区周围及中部布设 D 级 GPS 控制网点，以满足一级导线加密控制的需要。

1. GPS 点位选埋

（1）选点

① GPS 待定点已于 1∶5000 图上圈定，每点均应保证至少与一个邻近点通视，以满足一级导线布设的要求。点位应选在基础稳定，土质坚实的地上，以便长期保存利用。

②周围应便于安置接收机设备和操作，视野开阔，视场内障碍物的高度角应小于 15°。

③应远离大功率无线电发射源（如电视台、微波站等），其距离大于 400 m；远离高压输电线，其距离不得小于 200 m。

④附近不应有强干扰卫星信号接收的物体，并尽量避开大面积水域和大型建筑物。

⑤待定点附近小环境（地形、地貌、植被等）应尽可能与周围大环境保持一致，以减少气象代表性误差。

⑥ GPS 点位选定后，应绘制 GPS 网选点图。

（2）D 级 GPS 点的编号

冠以"JD"，后面加流水编号，如：JD01、JD02、JD03……D 级 GPS 标石面应刻制"GPS"；年代"2010"；点号"Jdi"及作业单位。

（3）埋石

① D 级 GPS 点的标石按《GPS 规范》制作，中心标志采用铸铁标志。

②当选在坚固房顶上时，不能埋设在隔热层上。

（4）提交监理检查的成果资料

选点埋石后应绘制点之记，点之记样式应符合《GPS 规范》要求，但其中"地质构造略图"修改为"控制点标志面影像图"。要求点之记采用 Word 制作，其中的略图可采用 CAD 制作，但应转换为影像格式插入到 Word 文档中，标志面照片也转换为数字影像插入到 Word 文档中。

2. D 级 GPS 观测

（1）仪器设备

天宝五台套接收机。

气象观测设备：气压表、温度计、湿度计。

（2）作业准备

①作业前，应检校光学对点器是否符合要求，同时每个测站均配备垂球，必要时采用铅垂线对中。

②记录手簿。

③编写观测计划，观测计划报监理单位备案后开始观测。

（3）基本技术规定

①测区概略定位解的取值为东经 $122°37′$，北纬 $40°51′$。

②在每个点上应选择强度因子 PDOP 必须小于或等于 8 的良好的观测窗口观测作业，观测时应密切注视 PDOP 值，观测窗口必须具有同步的 4 颗以上的可见卫星数，卫星离地平高度角应大于 $15°$。

③观测点号的输入和记录，采用点号直接输入，如 1 号站输入记录为 JD01。

④观测点的标志面中心至天线垂直距离采用特制专用测高弯尺上的白式指标线直接读数，读取至 1 mm。每测站观测前后应各量取天线高一次，两次量高之差不应大于 3 mm，取平均值作为最后天线高。

⑤天线定向标志线应指向正北。

⑥雷雨季节架设天线时要注意防雷击，雷雨过境时应暂时关机停止观测，并卸下天线

⑦观测时段应≥1.6。

⑧气象观测应符合《GPS 规范》的要求。

⑨ GPS 测量作业基本技术规定应符合《GPS 规范》的要求。

3. 内业数据处理

（1）基线解算

①基线解算前应对全部外业资料进行全面检查。

②基线解算采用天宝随机软件 TGO 1.6 进行基线处理。

（2）数据检核

①计算同一时段观测值的数据剔除率，其值应小于 10%。

②计算同步边各时段平差值的中误差与相对中误差，相对中误差计算公式：

$$\sigma = \sqrt{a^2 + (b \times d)^2}, \tag{2-1}$$

式中，σ 为标准差（mm）；a 为固定误差≤10 mm；b 为比例误差系数≤10 ppm；d 为相邻点间距离（km）。

③同一条边任意两个时段的成果互差，应小于 D 级规定的精度 $2\sqrt{2}$ 倍。

④三边同步环，第三边处理结果与前两边代数和，其差值应小于下列数值：

$$W_x \leqslant \sqrt{3}\sigma/5; \ W_y \leqslant \sqrt{3}\sigma/5; \ W_z \leqslant \sqrt{3}\sigma/5; \ W = \sqrt{W_x^2 + W_y^2 + W_z^2} \leqslant 3\sigma/5.$$

式中，σ 为 D 级规定的精度（按平均边长计算）。

⑤若干个独立观测边组成闭合环时，各坐标分量闭合差应符合下式规定：

$$W_x \leqslant 3\sigma\sqrt{n} ; W_y \leqslant 3\sigma\sqrt{n} ; W_z \leqslant 3\sigma\sqrt{n} \ .$$

式中，n 为闭合环中的边数；σ 为 D 级规定的精度（按平均边长计算）。

⑥当检核发现需补测或重测的边，应尽量安排一起进行同步观测。

（3）GPS 网平差

采用天宝随机软件 TGO 1.6 进行平差。以三维基线向量及其相应方差—协方差阵作为观测信息，以一个点的 WGS—1984 坐标系三维坐标作为起算数据，进行无约束平差。利用无约束平差后的可靠观测量，在测区独立坐标系、海城市独立坐标系和 1980 西安坐标系下进行三维约束平差。

（二）一级导线测量

1. 布网

在各等级 GPS 网（点）的基础上，布设城市一级光电测距导线，沿道路及测区边缘，以多结点网或附合路线的形式布设，不允许布设闭合导线。结点导线网导线节长度一般不宜大于附合路线规定长度的 0.7 倍；导线平均边长应控制在 400 m 之内，长短边比不应超过 1：3。主要技术指标按表 2-1 规定执行。

表 2-1　一级导线测量主要技术指标

等级	附合导线长度（km）	平均边长（m）	测距测回	水平角测回 J2	水平角测回 J6	测角中误差（″）	测距中误差（mm）	方位角闭合差（″）	全长相对闭合差
Ⅰ级	4.0	400	2	2	4	±5	+15	10	1/14 000

2. 选点、埋石

（1）城市一级导线点位应选定于便于利用和能长久保存的位置。相邻点之间通视应良好，便于观测及长期保存使用。

（2）城市一级导线点应埋设标石，位于高层建筑物顶上的控制点，不得埋设于隔热层上。中心标志（包括水泥、沥青路面）采用特制铸铁标志，测区内已有的埋石标志应尽量利用，避免重复埋石，以防后续使用错误，城乡接合部标石制作及埋设应按《城市测量规范》要求执行。

（3）城市一级导线点点号以 JMI 再加流水编号，如 JMI01、JMI02……JMIn。编号在导线节中应尽量做到顺序连号，不得有重号。埋石后，测区检查人员必须对埋石情况予以检查，方可进行观测。

3. 水平角观测

（1）水平角观测采用 DJ$_2$ 型全站仪按方向法观测。观测前，所使用之仪器应按《城市测量规范》第 2.3.1 条要求进行检验。记录可使用各种电子手簿或人工进行记录。可不做度盘和测微器的位置分配。

（2）一个测站观测方向数少于或等于三个方向时，可不归零。

（3）在高级点设站时，应尽可能联测两个高级方向进行检查，观测值与原平差角之差应 $\leqslant \pm 2\sqrt{m_1^2+m_2^2}$（式中 m_1、m_2 为相应于新、旧成果等级规定的测角中误差）。

4. 导线边长测量

导线边长测量与测角同步进行，采用电子记录。

（1）一级导线边长以经鉴定后的电子全站仪单程测定二测回（每测回二个读数记录，但在记录之前应先预测几次，边长稳定后再做记录），测距一测回内读数较差应 $< \pm 5$ mm，测回间较差应 < 7 mm。测距时温度气压只在测站读取，温度读至 0.5℃，气压读至 1hPa。仪器加乘常数，气象常数可直接置入全站仪自动改正。

（2）导线边长改平，垂直角采用与测角测边同型号全站仪按中丝法与测边同向观测二测回，技术要求按表 2-1 执行。

（3）测距仪器高、反光镜高直接量至 0.001 m。所测边长经仪器常数、气象改正后应投影到城市高程面 0 m 后，再归算到高斯平面，测区平均纬度为 $24°35'46''$，测区平均曲率半径 $R = 6\ 364\ 245$ m。

六、高程控制测量

测区首级高程控制网为四等水准，水准网沿导线敷设，每隔 1.5 km 左右在标石下面加埋盘石作为水准点，水准点高程采用电磁波测距三角高程，施测方法为中丝测高法，对向观测，竖角观测四测回，测距一测回。

高程系统采用 1985 国家高程基准，高程网平差采用清华山维公司的网平差软件 NASEW 97 进行严密平差。

（一）四等水准测量

1. 布网要求

本测区四等水准网，在原有三等以上水准网点基础上，沿平坦地区的 D 级 GPS 点及一级导线点采用附合路线或结点网形式进行布设，原有四等水准点不能作为四等水准的起算。

水准观测前水准仪和水准标尺应进行下列项目检验并记录。

（1）检视水准仪及脚架的完好性。

（2）圆水准器（概略整平用的水准器）安置正确性的检验。

（3）视准轴与水平轴相互关系（交叉误差与 i 角）的检验。

（4）检验水准标尺是否牢固无损。

（5）水准标尺水准器的检查及改正。

（6）水准标尺分划面弯曲差（矢距）的测定。

（7）水准标尺分划线每米分划间隔真长的测定。

（8）一对标尺基辅分划及零点差测定。

2. 四等水准观测

（1）本测区起始水准点引用前必须先进行已知点检测（附合路线可与路线观测一并进行）；作业开始后的一周内每天应对水准仪进行一次 i 角检测，i 角不得大于 $20''$，i 角稳定后可每隔 15 天测定一次。

（2）四等水准观测，以中丝测高法进行单程观测（附合路线）。直接读取视距，观测顺序为后—后—前—前。四等水准支线应进行往返观测。每测段的测站数必须是偶数。联测 D 级 GPS 点及一级导线点应为偶数站，但不做测段处理。

（3）四等水准观测原始数据，可采用各种电子手簿进行记录，应输出各站观测数据及测段汇总，原始记录输入微机后应进行存盘备查，输出前所有数据不得更改或编辑，违者成果销毁重测，并追究责任。

（4）平差计算前，水准高差应进行尺长改正及正常水准面不平行改正（此项改正若不影响至 0.001 m，可免于计算，应先按最大纬差进行估算）。

（二）光电测距三角高程测量

（1）测区未经水准联测的一级导线点的高程，应以四等水准高程为起算，组成三角高程路线，其间隔边数不应多于 10 条。平差后三角高程路线的最弱点高程中误差不得＞±0.01 m（相对于起算水准点高程）。

（2）三角高程路线各边垂直角均应对向观测。仪器高、觇标高应用钢尺丈量至 0.001 m。

七、上交资料

（1）仪器检验资料。
（2）D 级 GPS 观测记录及平差计算手簿。
（3）四等水准观测记录及平差计算手簿。
（4）城市一级导线观测记录及平差计算手簿。
（5）控制网展点图。
（6）各等级控制点成果表。
（7）测区技术设计书。

项目小结

控制网技术设计是在接到相应测量工作之后的一个重要环节，它影响到控制网的精度和工程的进度及工程的费用问题。本项目主要介绍了控制测量技术设计的意义、主要任务、依据和基本原则，重点介绍了控制测量技术设计书的编写及水平控制网和高程控制网技术设计过程中实地选点、埋石和绘制点之记的方法。

思考题

1. 控制网技术设计的意义、内容和方法是什么？
2. 控制网技术设计应该遵循哪些原则？

平面控制测量

项目 3　精密角度测量

　[项目提要]

本项目主要介绍精密光学经纬仪及其工具的结构特点，方向观测法的施测与计算，精密光学经纬仪的检验方法，精密测角的误差分析等知识点。通过本项目的学习，使学生了解精密光学经纬仪的结构、性能及基本测量方法，掌握精密角度测量的原理与方法，了解精密角度测量的误差来源、影响规律及减弱（或消除）方法。

任务 3.1　精密光学经纬仪的结构与操作

经纬仪是用于角度测量的仪器，按精度等级的高低，有 J_{07}、J_1、J_2、J_6、J_{15} 和 J_{30} 等系列。"J"为"经纬仪"汉语拼音的第一个字母；角标数字为该级仪器所能达到的测角精度指标，即检定时水平方向观测一测回的中误差。例如 J_2 型光学经纬仪，表示该级仪器检定时水平方向观测一测回的中误差小于 $\pm 2''$。

常用的适用于各等级三角测量、导线测量的精密光学经纬仪，J_1 系列有瑞士威特厂的 T3 和克恩厂的 DKM3 等；J_2 系列有苏州第一光学仪器厂的 J_2、北京光学仪器厂的 TDJ2 和瑞士威特厂的 T2 等。

一、经纬仪的基本结构

经纬仪的基本结构，如图 3-1 所示，主要由照准部、垂直轴系统和基座部分组成。

照准部包括望远镜、读数系统、水准器和垂直度盘等。观测时，照准部可绕垂直轴沿水平方向自由转动。望远镜视准轴应与水平轴正交，水平轴作为望远镜俯仰的旋转轴，应通过

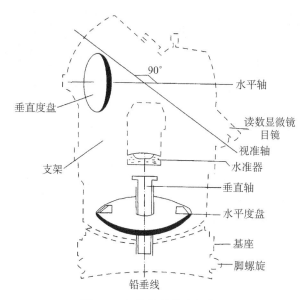

图 3-1　经纬仪的基本结构

垂直度盘的中心。观测目标时，读数系统随照准部一起转动，借由水平度盘精确读取照准方向的方向值。照准部水准器用于整平仪器，其水准轴应与水平轴平行，与垂直轴正交，使仪器在观测时水平度盘处于水平位置，垂直轴处于铅垂位置。水平度盘固连在基座上，基座在观测时是固定不动的。垂直轴系统作为联系照准部和基座的重要部件，对照准部运转的灵活性和稳定性起着重要作用。

二、精密经纬仪的结构特点

进行高精度的角度测量，对仪器的要求较高，因此精密光学经纬仪的各部分在构造上有其特定的要求。

（一）望远镜

现代精密测角仪器一般都采用内调焦望远镜，如图 3-2 所示。望远镜主要由物镜、调焦透镜、目镜和十字丝分划板组成。观测时，可通过移动调焦透镜来改变物镜与调焦透镜的距离，使目标成像恰好在十字丝分划板上，这个过程称为物镜调焦。这时，如图 3-3 所示，目标 AB 经物镜成倒像 $A'B'$ 在十字丝分划板上，再经目镜放大成为倒像 $A''B''$。这样，通过成像，放大视角，望远镜便可以清晰观测到距离不同的目标。

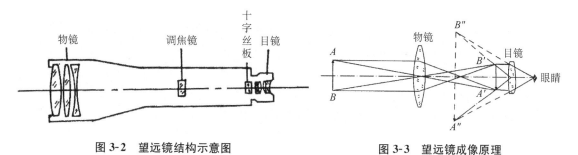

图 3-2　望远镜结构示意图　　　　　　图 3-3　望远镜成像原理

如果观测时物镜调焦不完善，照准目标就不能正确成像在十字丝分划板上，从而产生视差。明显的视差会给照准目标带来 $4''\sim5''$ 的误差，有时甚至更大。可见，在精密测角中必须重视调焦透镜的调节。调焦时，调焦透镜应在望远镜筒中沿光轴准确运行，但由于仪器装配不完善或使用磨损等原因，调焦透镜在运行中可能会产生晃动，从而引起物镜光心与十字丝中心连线（即视准轴）的不规则变动，这将对角度测量带来不利影响。因此，国家规范规定，精密测角时一测回内不得二次调焦。

为了精确照准目标，望远镜中十字丝分划板上十字丝的设计充分考虑了照准目标的形式和种类，并且注意使观测时十字丝不遮住目标本身上下左右的视野，一般如图3-4所示。当采用单丝照准目标时，应以单丝平分目标，或使单丝与目标连成一线；若以双丝照准目标，应将目标正确成像于双丝中间。

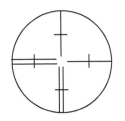

图 3-4 望远镜的十字丝

（二）水准器

照准部水准器是用以精确整平仪器的，一般采用管状水准器。水准管用内壁打磨光滑的玻璃管制成，管中注入冰点低、流动性强、附着力小的液体，并留有空隙形成气泡，借由液体静止时气泡永远居于管内最高位置的特性，使仪器处于整平位置。

水准器的精度决定了仪器整平的精度，而水准器的精度主要由水准器的格值来决定。所谓水准器格值，就是当水准气泡移动一格（内壁圆弧2 mm）时，水准管轴所变动的角度，即水准管上一格的弧长所对应的圆心角。精密经纬仪的水准器格值一般较小，因此仪器具有较高的整平精度。

当水准器倾斜时，水准管内的气泡便会随之移动。相同格值的水准器，即使倾斜的角度完全相同，各自的气泡也会因内壁光滑程度、不同液体的黏滞程度等原因而使移动量也会有所不同，这是因为不同的水准器的灵敏度不同。灵敏度是人的肉眼发觉气泡有最小移动量时水准管轴所倾斜的角度。显然，倾斜的角度越小，水准器的灵敏度越高。水准器的灵敏度主要由管内气泡移动时所受阻力决定。因此水准管内壁加工质量、管内液体特性都会影响水准器的灵敏度。一般采用较长的水准器气泡，这样在相同的倾角下获得的推力较大，易于克服对气泡的阻力，提高水准器的灵敏度。

此外，由于水准器对温度很敏感，气泡会向温度高的方向移动，在进行精密测角时，应尽量避免热源对仪器的影响，例如，晴天观测，应打测伞。

（三）水平度盘和测微器

经纬仪的水平度盘和测微器是用以量度水平角的重要部件，它们二者之间以一定的关系结合起来，就能读出照准目标后的方向值。

1. 水平度盘

光学经纬仪的水平度盘都是用玻璃制成的，安置在仪器基座的垂直轴套上，当仪器照准部转动时，要求水平度盘不得转动和移动。

在水平度盘圆周边上精细地刻有等间隔分划线，全周刻 360°，每度一标记，按顺时针方向增值，每度间隔内再等间隔刻有若干个小分划，相邻小分划的间隔值就是该水平度盘的最小分格值。如威特 T2 经纬仪，在每度间隔内刻有三个分格，显然，每个分格值为 20′。由于水平度盘的周长有限，所以度盘的分格很小，只有借助显微镜才能看清分划线。即使这样，也只能估读到 1/10 格，这远不能满足精确测角的要求。因此，需要安置测微装置，以精确量取不足一格之值。

度盘在进行刻划的时候，由于刻线机制造或装置的不完善、刻制过程中刻线机机械传动误差和温度变化等因素的影响，会带来系统性和偶然性的度盘分划误差。其中，一种系统误差以度盘圆周 360° 为周期，在度盘圆周上有规律地变化，称为长周期系统误差；同时还有一种以 60′ 为周期，以较短弧长在度盘圆周上重复出现的误差，称为短周期系统误差。度盘分划误差还含有偶然误差的影响，所以度盘分划误差是系统误差和偶然误差综合影响的结果。

2. 光学测微器及测微原理

光学测微器按内部结构来分有双平行玻璃板式测微器和双光楔式测微器，其功能都是用来精确量取度盘不足一格之值。下面仅以双平行玻璃板式测微器为例说明测微器的测微原理。

双平板测微器主要由两块平行玻璃板、测微盘及其他部件构成，见图 3-5。由几何光学知：当光线通过两个折射面互相平行的玻璃板时，方向不会产生变化，仅产生平行位移，其位移量与入射角有关。如图 3-6 所示，当光线垂直于平行玻璃板的折射面（即入射角为零）入射时，并不产生折射和平移。当光线有入射角 i（即不垂直于折射面）时，出射光线方向虽然不变，但其位置却平移了 Δh。入射角 i 改变时，平移量 Δh 也随之改变。对于一定厚度的平行玻璃板，当入射角 i 很小时，光线的平移量 Δh 与其入射角成正比，这就是平行玻璃板的特性，见式 3-1：

$$\Delta h = d \frac{n-1}{n} \tan i, \qquad (3-1)$$

式中，n 为玻璃的折射率；d 为玻璃板的厚度；i 为光线的入射角。

对于双平行玻璃板测微器，当将两块平行玻璃板相对转动时（即一顺时针转动，另一逆时针转动），度盘对径两端分划也就做相对移动。如果将刻有分划的测微盘与转动平行玻璃板的机构连在一起，而且当转动平行玻璃板使度盘分划线像相对移动一格时（即各移动半格），测微盘正好从零分划转动到最末一个分划，根据这种关系，测微器就起到量度度盘上不足一格的值的作用。

由于水平度盘和测微器存在着刻划误差，将给水平方向观测带来误差。解决的办法是进行多测回观测，且各测回对于零方向要配置不同的水平度盘位置和测微器位置。

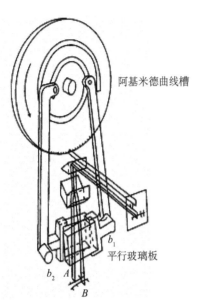

阿基米德曲线槽

平行玻璃板

b_1

b_2 A

B

图 3-5 双平行玻璃板测微器

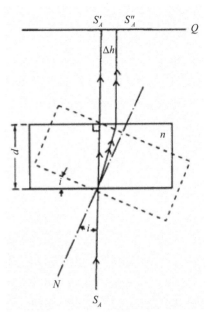

图 3-6 平行玻璃板行倾斜使光线平移

（四）垂直度盘

垂直度盘的读数指标与指标水准器相连，当指标水准器气泡居中时，垂直度盘读数指标呈铅垂状态。正常情况下，当望远镜处于水平位置，指标水准器气泡居中时，无论任何注记形式的垂直度盘，无论盘左、盘右，读数指标所指的读数都是一个定值，应为90°的整倍数。由于垂直度盘与望远镜固连在一起，望远镜俯仰时可带动垂直度盘转动，而读数指标不随之变动，因此可读取不同的读数。根据望远镜照准目标与视线水平时的垂直度盘读数就可以得到照准目标的垂直角。

为了获得视线水平时的垂直度盘读数，除了借助指标水准器气泡居中确定读数指标在垂直度盘上的正确位置外，现代精密光学经纬仪常采用垂直度盘指标自动归零补偿器替代指标水准器，使垂直轴在有剩余倾斜的情况下，垂直度盘的读数得到自动补偿。这样既保证了垂直角的观测精度，又提高了作业效率，较指标水准器更为方便快捷。

（五）垂直轴系统

垂直轴轴系是保证仪器照准部运转稳定的重要部件。照准部旋转轴可在轴套内自由运转。仪器设计时，要求照准部旋转轴的轴线与水平度盘的刻划中心相一致，并且在照准部旋转过程中保持这种重合关系。因为照准部旋转轴的轴线一旦相对水平度盘产生偏移，必然会引起水平读数的误差，通常称照准部置中的偏差为照准部偏心差。

仪器在长期使用过程中将产生磨损与变形，当垂直轴与轴套之间空隙增大、润滑油黏度过大或分布不均、支承照准部荷载的滚珠形状和大小有较大差异时，不能起到良好的置中作用，从而使照准部不能灵活运转，产生倾斜和晃动，我们称这种现象为照准部旋转不正确。照准部旋转不正确会影响仪器整平，当照准部旋转到不同位置时，水准气泡会产生不同程度的偏移量。因此，可利用照准部旋转时水准气泡的偏移情况来检验照准部旋转是否正确。

(六) 照准部的制微动机构

为了保证角度测量的精度，精密测角仪器要求望远镜有较高的照准精度，相应地要求照准部的制微动机构能迅速而准确地使仪器的照准部和望远镜安置在所要求的位置。由于支撑照准部支杆的反作用弹簧长期处于受压状态，弹力减弱，当旋出水平微动螺旋后，微动螺杆顶端出现微小的空隙，不能及时推动照准部转动，从而给读数带来影响。为了消除或削弱由于弹簧失效而引起的微动螺旋作用不正确，使用微动螺旋精密照准目标时，最后的转动方向必须是旋进方向。

现代精密光学经纬仪的制动螺旋和微动螺旋已不采用分离设置，为了操作方便，将制动螺旋和微动螺旋设置在同一轴上，发展为同轴型双速制微动机构。

(七) 基座

仪器在使用过程中，脚螺旋的螺杆与螺母之间容易存在微小的空隙，或者由于弹性压板的连接螺丝松动致使脚螺旋下部尖端未密切安置在基座底板的槽内，当照准部旋转时，垂直轴与轴套间的摩擦力可能使脚螺旋在螺母内移动，从而带动基座位移。而水平度盘与基座是安置在一起的，基座的位移必然会给水平角观测带来系统性的误差影响。精密测角中，要求一测回内水平度盘应严格保持固定不动，因此，国家规范规定每期观测作业前，应进行由于照准部旋转而使仪器基座产生位移的检验。

三、精密光学经纬仪的主要技术指标

精密光学经纬仪在结构上的精确性和可靠性是保证精密测角的重要条件，一般精密光学经纬仪的主要构件均采用特殊的合金钢制成，并且都具备高质量的望远镜光学系统、高精度的测微器装置和高灵敏的水准器，有的精密光学经纬仪为了操作简便，还具备高性能的补偿器装置。表 3-1 列出了几种常见 J_2 光学经纬仪的主要技术指标。

表 3-1　几种常见 J_2 光学经纬仪的主要技术指标

	技术指标	威特 T2	蔡司 010	苏一光 J_2	TDJ2
望远镜	放大倍率	28×	31×	30×	28×
	物镜有效孔径	40 mm	53 mm	40 mm	40 mm
	望远镜长度	150 mm	135 mm	172 mm	172 mm
	最短视距	1.5 m	2 m	2 m	2 m
	视距乘常数	100	100	100	100
	视距加常数	0	0	0	0

	技术指标	威特 T2	蔡司 010	苏一光 J₂	TDJ2
度盘和测微器	水平度盘直径	90 mm	84 mm	90 mm	90 mm
	垂直度盘直径	70 mm	60 mm	70 mm	70 mm
	水平度盘最小分格值	$20'$	$20'$	$20'$	$20'$
	垂直度盘最小分格值	$20'$	$20'$	$20'$	$20'$
	测微器最小格值	$1''$	$1''$	$1''$	$1''$
水准器	照准部水准器	$20''/2$ mm	$20''/2$ mm	$20''/2$ mm	$20''/2$ mm
	圆水准器			$8'/2$ mm	$8'/2$ mm
	指标水准器	$30''/2$ mm	$20''/2$ mm		
自动归零补偿器	补偿精度			$\pm0.3''$	$\pm0.3''$
	补偿范围			$\pm3'$	$\pm2'$
仪器重量	仪器	5.6 kg	5.3 kg	5.5 kg	6 kg
	仪器箱	2 kg	5 kg	3 kg	

四、精密光学经纬仪的光路系统与度盘读数系统

（一）精密光学经纬仪的成像光路系统

J₂ 经纬仪的读数设备包括：采光系统、度盘、光学测微器和读数显微镜。对于不同型号仪器，其读数设备虽有差异，但结构基本相同。下面以全国统一设计的 TDJ2 型经纬仪为例，说明经纬仪读数设备的结构。

图 3-7 所示为 TDJ2 型光学经纬仪的光学系统图。以水平度盘为例说明其成像光路系统的工作原理。光线由反光镜 1 进入仪器照亮水平度盘 5，经度盘上方 1∶1 的转向透镜组 6、8，使度盘对径两边分划线的影像汇合在视场中。再经过度盘物镜 10 使度盘对径分划线成像于光学测微器的读数窗中。光学测微器为双平行板玻璃 11，并与测微器分划秒盘（测微尺）15 连在一起，由测微尺在读数窗内的读数可以确定度盘对径分划影像的移动量。当光线照亮读数窗后，就可以通过读数显微镜 18、19，同时看到度盘对径分划像和测微尺分划像。

TDJ2 型经纬仪的度盘是全圆顺时针刻划的。由 0°～360° 每度刻划注记一数字，每度之间又分了 3 个格，所以其格值为 $20'$。测微尺共刻有 600 个小格，总值等于度盘格值一半（$10'$）。当测微轮转动一周时，度盘上下两排分划线正好相对移动一格，实际上分别移动半格，因此，测微尺上一小格的格值为 $1''$，也就是说，测微器上读数可以直接读到 $1''$，估读到 $0.1''$。

从图 3-8 所示的 TDJ2 经纬仪读数窗里的成像可以看出，度盘对径分划线的影像成像在一个平面上，水平线的上、下方分别为度盘对径成像的影像。通过读数窗，可以直接从度盘上读取"度"位和"十分"位。下面的小窗为测微尺读数窗，其中的长细丝为测微尺读数的指标线，通过指标线可以直接读取测微尺注记数字的"分"位和"秒"位，每一小格表示 1 秒。

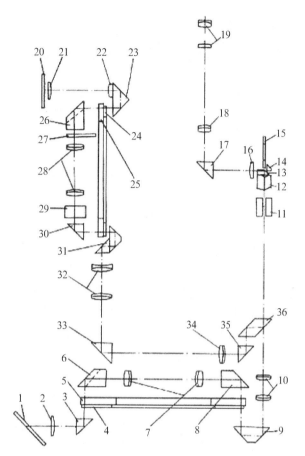

1—反光镜；2—光窗透镜；3—水平盘照明棱镜；4—水平盘保护玻璃；5—水平盘；6—水平盘上象屋脊棱镜；7—上象转象物镜；8—上象转向棱镜；9—水平盘照明棱镜；10—水平盘物镜；11—平盘玻璃；12—折射符合棱镜；13—读数窗棱镜；14—秒盘照准棱镜；15—秒盘；16—场镜；17—横轴棱镜；18—度盘转象物镜；19—读数目镜；20—反光镜；21—光窗透镜；22—竖盘照明聚光镜；23—竖盘照明棱镜；24—竖盘保护玻璃；25—竖盘；26—屋脊棱镜；27—平板玻璃；28—竖盘下象物镜；29—平板玻璃；30—竖盘下象转向棱镜；31—竖盘照明棱镜；32—竖盘第一物镜；33—竖盘转向棱镜；34—竖盘第二物镜；35—竖盘第二转向棱镜；36—换象棱镜。

图 3-7　TDJ2 度盘读数光学系统图

（二）度盘读数系统

为了提高角度的量测精度，精密光学经纬仪度盘一般都采用对径分划同时成像，利用对径重合法读数。当照准目标后，转动测微螺旋，使度盘对径分划线做相对移动直至精密接合，并用测微器量取对径分划的相对移动量，其角度读数就是度盘读数与测微器读数之和。

J_2 光学经纬仪的读数窗一般包括度盘读数窗和光学测微器读数窗，为了读数方便，有的仪器读数窗中有指示对径分划线精密接合的符合窗，符合窗中是无注记的度盘对径分划影像。由于采用对径分划读数，度盘最小分划 $20'$ 实际相当于 $10'$，因此测微器的实际测量范围为 $10'$，测微器又分为 600 个小格，则每小格为 $1''$，这种读数方法叫做对径重合读数法。

重合读数法的基本方法步骤是（以图 3-8 所显示的读数窗为例）：

（1）先从读数窗中了解度盘和测微盘的刻度与注记，确定度盘的最小格值。

度盘对径最小分格值：$G = \dfrac{1°}{2 \times \text{度盘上 } 1° \text{的总格数}}$　　　$(G = 10')$；

测微盘的格值：$T = \dfrac{\text{度盘对径最小分格值 } G}{\text{测微盘总格数}}$　　　$(T = 1'')$。

（2）转动测微轮，使度盘正、倒像对径分划精确重合，读取靠近视场中央左侧的正像度数 N（$N = 28°$）。

（3）读取正像度数 N 到其右侧对径相差 $180°$ 倒像分划线（即 $N \pm 180°$）之间的分格数 n，或者直接读取度盘上的分值（$n = 4$）。

（4）读取测微盘上的计数 c，c 等于测微盘零分划线到测微盘指标线的总格数乘以测微盘格值 T（$c = 0'01''$）。

综上所述，可得出以下读数公式：$M = N + n \times G + c$（$M = 28°40'01''$）。

不同厂家出产的 J_2 型仪器读数窗形式有所不同，图 3-8、图 3-9、图 3-10、图 3-11、图 3-12 分别为威特 T2、蔡司 010、苏一光 J_2、TDJ2、威特 T3 的度盘读数。对于图 3-9 所显示的读数窗形式，其读数方法同上。对于图 3-10、图 3-11 所显示的读数窗形式，其读数方法为"直读式"。但有一点需要注意，北光仪器和苏光仪器的"十分"位刻划有所不同，苏光仪器的整度数刻划与"十分"位的 $00'$ 相对应，而北光仪器的整度数刻划与"十分"位的 $30'$ 相对应。读数时忽略了这一点，容易将度数读错。

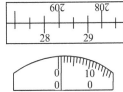

度盘读数：$28°40'$
测微器读数：$00'01''$
完整读数：$28°40'01''$

图 3-8　威特 T2 经纬仪度盘读数

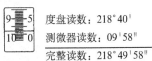

度盘读数：$218°40'$
测微器读数：$09'58''$
完整读数：$218°49'58''$

图 3-9　蔡司 010 经纬仪度盘读数

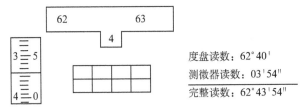

度盘读数：$62°40'$
测微器读数：$03'54''$
完整读数：$62°43'54''$

图 3-10　苏一光 J_2 经纬仪度盘读数

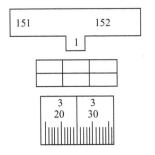

度盘读数：$152°10'$
测微器读数：$03'25''$
完整读数：$151°13'25''$

图 3-11　北京 TDJ2 经纬仪度盘读数

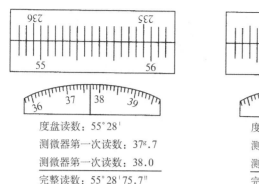

度盘读数：55°28'
测微器第一次读数：37ᵍ.7
测微器第一次读数：38.0
完整读数：55°28'75.7"

度盘读数：178°48'
测微器第一次读数：13ᵍ.3
测微器第一次读数：13.0
完整读数：178°48'26.3"

图 3-12　威特 T3 经纬仪水平度盘读数

五、J₂ 经纬仪简介

常用的 J_2 型精密光学经纬仪有威特 T2、蔡司 010、苏一光 J_2、TDJ2 等，图 3-13、图 3-14、图 3-15、图 3-16 分别介绍了威特 T2、蔡司 010、苏一光 J_2 和 TDJ2 经纬仪的基本结构。

（一）威特 T2 经纬仪

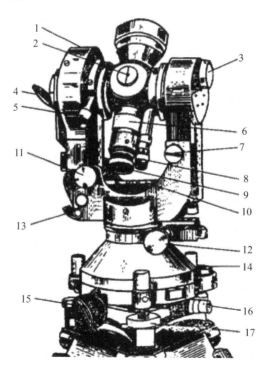

1—垂直度盘；2—视场照明钮及准星；3—测微螺旋；4—垂直度盘照明反光镜；5—望远镜制动螺旋；6—望远镜物镜调焦螺旋；7—换像螺旋；8—读数显微镜；9—望远镜目镜；10—照准部水准器；11—望远镜微动螺旋；12—照准部微动螺旋；13—垂直度盘水准器反光板；14—圆水准器；15—水平度盘照明反光镜；16—光学对点器；17—脚螺旋。

图 3-13　威特 T2 经纬仪

（二）蔡司 010 经纬仪

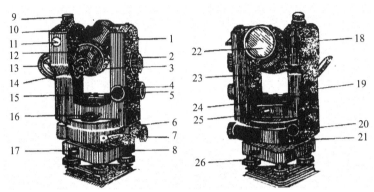

1—望远镜制动螺旋；2—测微螺旋；3—读数显微镜目镜；4—望远镜微动螺旋；5—换像螺旋；6—照准部微动螺旋；7—照准部制动螺旋；8—三角基座；9—垂直度盘符合水准器反射棱镜；10—瞄准器；11—垂直度盘水准器校正螺丝；12—望远镜物镜调焦螺旋；13—度盘照明反光镜；14—望远镜目镜；15—照准部的水准器；16—圆水准器；17—基座制动螺旋；18—垂直度盘指标水准器；19—垂直度盘指标水准器微动螺旋；20—水平度盘变换螺旋；21—水平度盘变换螺旋保险钮；22—物镜内镀银面；23—十字丝照明反光镜；24—照准部水准器校正螺丝；25—光学对点器；26—脚螺旋。

图 3-14　蔡司 010 经纬仪

（三）苏一光 J₂ 经纬仪

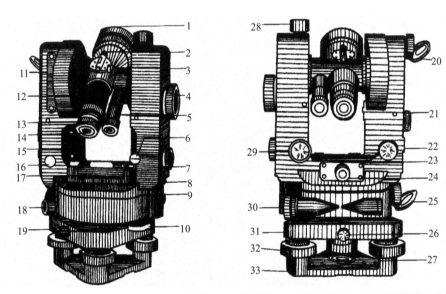

1—望远镜物镜；2—光学瞄准器；3—望远镜反光板螺旋；4—测微螺旋；5—读数显微镜；6—望远镜微动弹簧套；7—换像螺旋；8—照准部水准器校正螺丝；9—水平度盘物镜组盖板；10—换像螺旋护盖；11—垂直度盘转像组盖板；12—望远镜物镜调焦螺旋；13—读数显微镜目镜；14—望远镜目镜；15—垂直度盘物镜组盖板；16—垂直度盘指标水准器护盖；17—照准部水准器；18—照准部制动螺旋；19—水平度盘变换螺旋；20—垂直度盘照明反光镜；21—垂直度盘指标水准器观察棱镜；22—垂直度盘指标水准器微动螺旋；23—水平度盘转像透镜组盖板；24—光学对点器；25—水平度盘照明反光镜；26—基座制动螺旋；27—固紧螺母；28—望远镜制动螺旋；29—望远镜微动螺旋；30—照准部微动螺旋；31—三角基座；32—脚螺旋；33—三角底板。

图 3-15　苏一光 J₂ 经纬仪

（四）TDJ2 经纬仪

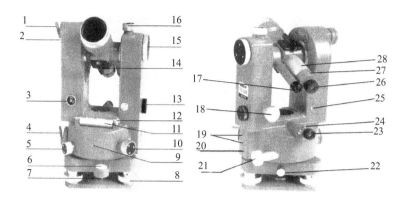

1—垂直度盘照明反光镜；2—指标差调整盖板；3—补偿器锁紧螺旋；4—水平度盘照明反光镜；5—照准部制动螺旋；6—圆水准器；7—圆水准器校正螺丝；8—脚螺旋；9—水平度盘堵盖；10—转盘手轮及搬把；11—照准部水准器；12—照准部水准器校正螺丝；13—换像螺旋；14—粗瞄准器；15—测微螺旋；16—望远镜制动螺旋；17—读数显微镜；18—望远镜微动螺旋；19—水平物镜堵盖；20—水平底棱镜堵盖；21—照准部微动螺旋；22—基座制动螺旋；23—光学对点器；24—对点器校正螺丝；25—垂直物镜调整盖板；26—望远镜目镜；27—分划板保护盖；28—望远镜物镜调焦螺旋。

图 3-16　TDJ2 经纬仪

总的来说，精密光学经纬仪在结构上都具有如下特点：度盘及其读数系统都由光学玻璃组成，水平度盘和垂直度盘共用同一个附着在望远镜旁的读数显微镜和光学测微器，并实现对径读数。望远镜均为消色差的或经过消色差校正过的、尺寸较短的内调焦望远镜。一般给出目标的倒像，但现代望远镜大多数给出目标的正像；一般制动及微动螺旋分离设置，现代的则向共轴发展；都具有精密的测微读数系统。设有强制归心机构、精密光学对中器和对中杆及快速安平机构等，有的经纬仪设有垂直度盘指标自动归零补偿器，从而提高了仪器精度和测量效率。经纬仪均由优质可靠的有机材料或合金制造。

六、全站仪简介

精密光学经纬仪曾经在施测国家大地控制网过程中起到至关重要的作用，但随着电子测距技术的出现，大大地推动了速测仪的发展。用电磁波测距仪代替光学视距经纬仪，使得测程更大、测量时间更短、精度更高。人们将距离由电磁波测距仪测定的速测仪笼统地称之为"电子速测仪"。然而，随着电子测角技术的出现，这一"电子速测仪"的概念又相应地发生了变化，根据测角方法的不同分为半站型电子速测仪和全站型电子速测仪。半站型电子速测仪是指用光学方法测角的电子速测仪，也有称之为"测距经纬仪"。这种速测仪出现较早，并且进行了不断的改进，可将光学角度读数通过键盘输入到测距仪，对斜距进行化算，最后得出平距、高差、方向角和坐标差，这些结果都可自动地传输到外部存储器中。全站型电子速测仪则是由电子测角、电子测距、电子计算和数据存储单元等组成的三维坐标测量系统，测量结果能自动显示，并能与外围设备交换信息的多功能测量仪器。由于全站型电子速测仪较完善地实现了测量和处理过程的电子化和一体化，所以人们也通常称之为全站型电子速测仪或简称全站仪。

由于全站仪价格低廉和操作方便，无论是精密测角，还是精密测距，目前实际工程中一般均采用全站仪测量，全站仪的结构、操作将在项目 5 中详细介绍。

任务 3.2　精密角度测量外业实施

用常规仪器进行平面控制测量，其主要工作就是测角和测距。对于测角而言，可以采用光学经纬仪、电子经纬仪或全站仪。平面控制测量的角度测量，通常都采用方向观测法。

一、方向观测法

方向观测法是对测站上的所有方向如图 3-17 所示，假设测站上有 1，2，3，…，n 个方向要观测，首先选择一边长适中、通视良好、成像清晰稳定的方向作为观测的起始方向，如选定方向 1 作为零方向。上半测回采用盘左观测，先照准零方向 1，然后以顺时针方向转动照准部依次照准方向 2，3，…，n，为了检查观测过程中水平度盘是否有位移，最后要闭合到起始方向 1，这步工作称为归零。下半测回采用盘右观测，仍然先照准零方向 1，然后以逆时针方向转动照准部依次照准方向 n，…，3，2，1。由于上、下半测回观测均构成一个闭合圆，所以这种观测方法又称为全圆方向观测法。

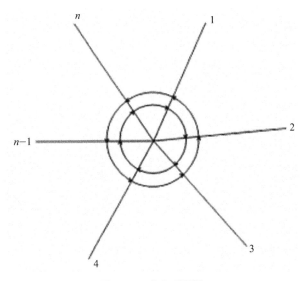

图 3-17　方向观测法

为了避免因调焦引起视准轴位置变动，精密测角一般规定一测回中不得重新调焦。但各方向的边长悬殊时，严格执行一测回中不得重新调焦的规定，会产生较大的视差从而影响照准精度。若仪器的调焦透镜经检验运行正确，则一测回中允许重新调焦，若调焦透镜运行不正确，则可考虑改变观测程序。照准一目标后，调焦，接连进行正倒镜观测，再照准下一个目标，重新调焦，进行正倒镜观测，依次完成所有方向的观测工作。同时，为了减弱与时间成比例均匀变化的误差影响，相邻测回应按相反的次序照准目标。如奇数测回按顺时针方向依次照准 1，2，3，…，n，1，则偶数测回应按逆时针方向依次照准 1，n，…，3，2，1，如此完成各测回的观测。

当方向数不多于 3 个时，可不归零。

二、观测方法

（一）配置度盘初始位置

为了减弱度盘分划误差和测微器分划误差等偶然误差对水平方向观测值的影响，提高测角精度，观测时应有足够的测回数。方向观测法的观测测回数，是根据控制网的等级和所用仪器的类型确定的。方向观测时，光学经纬仪、编码式测角法和增量式测角法全站仪（或电子经纬仪），每测回零方向水平度盘和测微器的初始位置应按式（3-2）配置。对于采用动态式测角系统的全站仪或电子经纬仪不需进行度盘配置。度盘和测微器位置变换计算公式为：

$$J_{07}、J_1 型仪器：\frac{180°}{m}(j-1)+4'(j-1)+\frac{120''}{m}\left(j-\frac{1}{2}\right);\qquad(3-2)$$

$$J_2 型仪器：\frac{180°}{m}(j-1)+10'(j-1)+\frac{600''}{m}\left(j-\frac{1}{2}\right)。\qquad(3-3)$$

式中，m 为基本测回数；j 为测回序号。

由于全站仪（电子经纬仪）没有单独的测微器，且不同厂家和不同型号的全站仪（电子经纬仪）度盘的分划格值、细分技术和细分数不同，故不做测微器配置的严格规定，对于普通工程测量项目，只要求按度数均匀配置度盘。有特殊要求的高精度项目，可根据仪器商所提供的仪器的技术参数按公式（3-2）进行配置，并事先编制度盘配置表。

根据上式编制的 J_2 经纬仪度盘位置表见表 3-2。

表 3-2　J_2 型经纬仪方向观测度盘位置编制表

测回序号	测回数（等级）	
	12（三等） (° ′ ″)	9（四等） (° ′ ″)
1	0 00 25	0 00 33
2	15 11 15	20 11 40
3	30 22 05	40 22 47
4	45 32 55	60 33 53
5	60 43 45	80 45 00
6	75 54 35	100 56 07
7	90 05 25	120 07 13

测回序号	测回数（等级）	
	12（三等） （° ′ ″）	**9（四等）** （° ′ ″）
8	105 16 15	140 18 20
9	120 27 05	160 29 27
10	135 37 55	
11	150 48 45	
12	165 59 35	

（二）一测回的观测程序

（1）安置仪器后，进行盘左观测。将仪器照准零方向，按观测度盘表配置水平度盘和测微器。

（2）顺时针旋转照准部1～2周后精确照准零方向，进行水平度盘和测微器读数（重合对径分划线两次）。

（3）顺时针旋转照准部，依次精确照准2，3，…，n方向，最后闭合至零方向，按上述方法依次读数，完成上半测回。

（4）纵转望远镜，进行盘右观测。逆时针旋转照准部1～2周后精确照准零方向，读数。

（5）逆时针旋转照准部，按与上半测回相反的观测顺序依次观测n，…，3，2直至零方向，完成下半测回。

以上操作为一测回。

（三）观测、记录及计算

进行方向观测时，为了削弱读数误差的影响，对每一照准目标均对径重合度盘分划线两次读数，当两次读数之差符合限差规定时，则取测微器两次读数的平均值。

半测回观测结束时，应检查归零差是否超过限差，归零差即零方向的起始照准和闭合照准的读数之差。

一测回观测结束后，计算各方向盘左、盘右的读数差，即$2c$值，并检核一测回中各方向的$2c$互差是否超限。若满足限差要求，则取各方向盘左、盘右读数的平均值作为该测回的方向观测值。

由于零方向有起始照准和闭合照准的两个方向值，一般取其平均值作为零方向的方向观测值，将零方向的方向观测值归零为$0°00′00.0″$，其他各方向的方向观测值依次减去零方向的方向观测值即得归零后的各方向观测值。各测回归零后的同一方向观测值的互差称为测回互差，应小于规定的限差。

表3-3为三等三角测量水平方向观测手簿的记录与计算示例。

表 3-3　水平方向观测手簿

第Ⅰ测回　　仪器：北光 J_2　　点名：岭西屯　　等级：三　　成像：清晰　　　　日期：××月××日

天气：晴，东风二级　　开始：××时××分　　　　　　　　　　　　　　结束：××时××分

方向号数名称及照准目标		读数						左−右 2c	左+右 2	方向值	附注
		盘左			盘右						
		° ′	″	″	° ′	″	″	″	° ′ ″	° ′ ″	
1	小山 T	0 00	33 34	34	180 00	37 37	37	−3	(35.2) 35.5	0 00 00.0	
2	锡南 T	60 11	10 10	10	240 11	13 15	14	−4	12.0	60 10 36.8	
3	大镇 T	131 49	32 31	32	311 49	38 39	38	−6	35.0	131 48 59.8	
4	河山 T	217 34	51 49	50	37 34	53 55	54	−4	52.0	217 34 16.8	
1	小山 T	0 00	35 34	34	180 00	37 35	36	−2	35.0		

注：归零差，Δ 左 = 0″；Δ 右 = −1″。

最后必须强调指出，一切原始观测数据和记事项目，必须做到记录真实，注记明确，格式统一，书写端正，字迹清楚整齐，整饰清洁美观，手簿中记录的任何数据不得有涂改、擦改、转抄现象。

三、测站检核与重测规定

由于某些系统误差的残余和各种偶然误差的影响，使测站上的观测成果与其理论值存在一定程度的差异。为了保证观测成果的精度，根据误差传播规律和大量实验验证，对其差异规定一个界限，称为限差。测站限差是根据不同的仪器类型制定的，它是检核和保证测角成果精度的重要指标，《工程测量规范》对方向观测法中的各项限差规定如表 3-4 所示。

表 3-4　水平角方向观测法的技术要求

等级	仪器型号	光学测微器两次重合读数之差（″）	半测回归零差（″）	一测回内 2c 互差（″）	同一方向值各测回较差（″）
四等及以上	1″级仪器	1	6	9	6
	2″级仪器	3	8	13	9
一级及以下	2″级仪器	—	12	18	12
	6″级仪器	—	18	—	24

注：①全站仪、电子经纬仪水平角观测时不受光学测微器两次重合读数之差指标的限制；

　　②当观测方向的垂直角超过 ±3° 的范围时，该方向 2c 互差可按相邻测回同方向进行比较，其值应满足表中一测回内 2c 互差的限值；

　　③观测的方向数不多于 3 个时，可不归零。

为了保证观测成果的质量，对各项限差应认真检核，凡是超过限差规定的成果都必须予以重测。出现超限情况，可能由于观测条件不佳、操作不慎，存在系统误差和粗差，判断重测对象时，应结合当时当地的实际情况客观分析，正确判断。

一测站的重测和数据取舍应遵循下列原则。

（1）凡超出规定限差的结果，均应重测。重测应在基本测回（即规定的全部测回）完成并对成果综合分析后再进行。因对错度盘、测错方向、读记错误、碰动仪器、气泡偏移过大、上半测回归零差超限或因中途发现观测条件不佳等原因而放弃的测回，可以立即重测，不记重测方向测回数。

（2）$2c$ 互差或各测回互差超限时，应重测超限方向并联测零方向。因测回互差超限重测时，除明显孤值外，原则上应重测观测结果中最大和最小值的测回。

（3）零方向的 $2c$ 互差或下半测回的归零差超限，该测回应重测。方向观测法一测回中，重测方向数超过测站方向总数的 1/3 时（包括观测 3 个方向时，有一个方向重测），该测回应重测。

（4）采用方向观测法时，每站基本测回重测的方向测回数，不应超过全部方向测回总数的 1/3，否则该站所有测回重测。

方向观测法重测数的计算方法是，在基本测回观测结果中，重测一个方向算作一个方向测回，一个测回中有 2 个方向需重测，算作 2 个方向测回；因零方向超限而重测的整个测回算作 $(n-1)$ 个方向测回。每站全部方向测回总数按 $(n-1)m$ 计算，式中，n 为该站方向总数，m 为基本测回数。

设某测站上的方向数 $n=6$，基本测回数 $m=9$，则测站上的方向测回总数 $(n-1)m=45$，该测站重测方向测回数应小于 15。

（5）重测与基本测回结果不取中数，每一测回只取一个符合限差的结果。

四、计算测站方向观测值

由于受各种误差的影响，一份合格的方向观测成果中，各方向不同测回的归零方向值也可能不完全相等，为了获得观测成果的最可靠值，需要进行测站平差。根据误差传播定律得出，各测回归零后方向值的平均值即各测回方向的测站平差值。

任务 3.3 精密经纬仪的检验与校正

为了保证角度测量成果的精度，对所用的测角仪器应按有关测量规范要求进行检验，因为仪器任何部件效用的不正确或误差都会影响角度测量结果的精度。

一、精密经纬仪的检验要求

（一）对测角仪器的要求

在进行角度测量之前，必须对所使用的仪器进行检验，经检验合格后的仪器方可用于观测。按《工程测量规范》规定，水平角观测所使用的全站仪、电子经纬仪和光学经纬仪，应满足下列要求。

（1）照准部旋转轴正确性指标：管水准器气泡或电子水准器长气泡在各位置的读数较差，1″级仪器不应超过2格，2″级仪器不应超过1格，6″级仪器不应超过1.5格；

（2）光学经纬仪的测微器行差及隙动差指标：1″级仪器不应大于1″，2″级仪器不应大于2″；

（3）水平轴不垂直于垂直轴之差指标：1″级仪器不应超过10″，2″级仪器不应超过15″，6″级仪器不应超过20″；

（4）补偿器的补偿要求，在仪器补偿器的补偿区间，对观测成果应能进行有效补偿；

（5）垂直微动旋转使用时，视准轴在水平方向上不产生偏移；

（6）仪器的基座在照准部旋转的位移指标：1″级仪器不应超过0.3″，2″级仪器不应超过1″，6″级仪器不应超过1.5″；

（7）光学对中器或激光对中器的对中误差不应大于1 mm。

对具有补偿器（单轴补偿、双轴补偿或三轴补偿）的全站仪、电子经纬仪的检验可不受前3款相关检验指标的限制，但应确保在仪器的补偿区间（通常在3′左右），对观测成果能够进行有效的补偿。

光学对中器或激光对中器的对中误差指标，是指仪器高度在0.8~1.5 m时的对中误差检验校正值不应大于1 mm。

（二）精密经纬仪的检验项目

按精密测角规范规定，每期作业前应检验的项目有以下几个。

（1）照准部旋转是否正确的检验；

（2）光学测微器行差的测定；

（3）垂直微动螺旋使用正确性的检验；

（4）照准部旋转时仪器基座位移而产生的系统误差的检验；

（5）光学经纬仪水平轴不垂直于垂直轴之差的测定。

作业过程中，若使用光学对点器或激光对点器对中，还需对其进行检验。

二、精密经纬仪的检验与校正

（一）照准部旋转是否正确的检验

转动时，垂直轴在轴套中产生倾斜或平移的现象，称为照准部旋转不正确。照准部旋转不正确会使仪器不易整平，在旋转1~2周的过程中，照准部水准器的气泡会从中央向一端偏离，而后，经水准管中央逐渐偏向另一侧，然后回复到中央位置，呈现周期性。判断照准部旋转是否正确，就是以此为依据。检验方法如下。

（1）整置仪器，使垂直轴垂直，读记照准部水准器气泡两端或中间位置的读数至0.1格；

（2）顺时针方向旋转照准部，每旋转照准部45°，读记水准器气泡一次，连续顺转三周；

（3）逆时针方向旋转照准部，每旋转照准部45°，读记水准器气泡一次，连续逆转三周。

各个位置气泡读数互差，对于J_{07}、J_1型仪器不超过2格（按气泡两端读数之和进行比较为4格），对于J_2型仪器不超过1格（按气泡两端读数之和比较为2格）。若气泡读数变化较大，超出上述限差，并以照准部旋转两周为周期而变化，则照准部旋转不正确，应对仪器进行检修。

照准部旋转是否正确的检验示例如表3-5所示。

表3-5 照准部旋转是否正确的检验

仪器：苏一光J_2 ×××× 年×× 月×× 日

照准部位置	气泡读数			照准部位置	气泡读数		
	左	右	和或中数		左	右	和或中数
顺转第一周							
	g	g	g		g	g	g
0	06.8	13.3	20.1	180	07.0	13.4	20.4
45	07.0	13.4	20.4	225	06.9	13.3	20.2
90	06.9	13.3	20.2	270	07.0	13.4	20.4
135	07.0	13.3	20.3	315	07.1	13.5	20.6
顺转第二周							
0	07.1	13.6	20.7	180	06.8	13.1	19.9
45	07.2	13.6	20.8	225	06.8	13.1	19.9
90	07.0	13.3	20.3	270	06.8	13.2	20.0
135	06.8	13.2	20.0	315	07.0	13.3	20.3
顺转第三周							
0	06.9	13.2	20.1	180	06.9	13.2	20.1
45	07.1	13.4	20.5	225	07.0	13.3	20.3
90	07.0	13.3	20.3	270	07.1	13.5	20.6
135	06.9	13.2	20.1	315	07.2	13.6	20.8
逆转第一周							
315	07.2	13.2	20.4	135	06.8	13.1	19.9
270	07.1	13.5	20.6	90	06.9	13.2	20.1
225	06.9	13.3	20.2	45	07.1	13.5	20.6
180	06.8	13.2	20.0	0	07.0	13.5	20.5

照准部位置	气泡读数			照准部位置	气泡读数		
	左	右	和或中数		左	右	和或中数
逆转第二周							
315	07.0	13.4	20.4	135	06.5	12.9	19.4
270	06.8	13.2	20.0	90	06.8	13.2	20.0
225	06.7	13.1	19.9	45	07.2	13.6	20.8
180	06.5	12.9	19.4	0	07.2	13.6	20.8
逆转第三周							
315	07.2	13.6	20.8	135	06.9	13.2	20.1
270	07.1	13.5	20.6	90	06.8	13.2	20.0
225	06.9	13.2	20.1	45	07.1	13.4	20.5
180	06.7	13.1	19.8	0	07.2	13.6	20.8
最大变动 1.4 g				中心变化位置 0.7 g			

（二）光学测微器行差的测定

光学测微器行差，即测微器量取度盘上两相邻分划线间角距的实际量得值与理论设计值之差。测微器行差直接影响读数的正确性，因此，必须对其进行测定。

为减少水平度盘分划系统误差的影响，光学测微器行差的测定，应均匀地在水平度盘各位置上进行，照准部的整置位置如表 3-6，每一位置的测定程序如下。

表 3-6　经纬仪照准部整置位置

序　号	J₁ 型照准部整置位置		J₂ 型照准部整置位置	
	°	′	°	′
1	0	00	0	00
2	24	04	30	20
3	48	08	60	40
4	72	12	90	00
5	96	16	120	20
6	120	20	150	40
7	144	24	180	00
8	168	28	210	20
9	192	32	240	40

序　号	J_1 型照准部整置位置		J_2 型照准部整置位置	
	°	′	°	′
10	216	36	270	00
11	240	40	300	20
12	264	44	330	40
13	288	48		
14	312	52		
15	336	56		

①将测微器指标对准零分划线，转动度盘变换钮至整置位置，用水平微动螺旋使整置位置的分划线 A 与对径分划线（$A\pm180°$）接合，再使用测微螺旋使分划线 A 与（$A\pm180°$）精密接合。如图 3-18 所示。

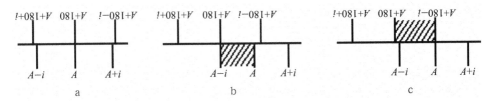

图 3-18　光学测微器行差的测定

②按下列顺序，各精密接合两次，同时进行测微器读数（读数可按正负数读，以 J_2 型仪器为例，多于 $0'$、$10'$ 读作正数，少于 $0'$、$10'$ 读作负数）。

a——A 与（$A\pm180°$）两分划线接合时的读数，见图 3-18 a；

b——（$A-i$）与（$A\pm180°$）两分划线接合时的读数，见图 3-18 b；

c——$A-i$ 与（$A\pm180°-i$）两分划线接合时的读数，见图 3-18 c。

i 为度盘最小分划格值，J_1 型仪器为 $4'$，J_2 型仪器为 $20'$。

③转动照准部至下一整置位置，重复以上步骤。

④测微器行差计算：

$$r_{正}=a-b; \tag{3-4}$$

$$r_{倒}=a-c; \tag{3-5}$$

$$r=\frac{1}{2}\ (r_{正}+r_{倒})。 \tag{3-6}$$

r 与（$r_{正}-r_{倒}$）的绝对值，对 J_1 型仪器不应超过 $1''$，对 J_2 型仪器不应超过 $2''$，否则应按式（3-7）在观测值中加改正数：

$$\delta_r=\frac{2r}{i}C, \tag{3-7}$$

式中，C 为测微器读数。

光学测微器行差的检验记录、计算示例如表 3-7。

表 3-7　水平度盘光学测微器行差的测定

仪器：苏一光 J₂　　　　　　　　　　　　　　　　　　　　　　　　　　　　　××××年××月××日

度盘位置	a	b	c	$a-b$	$a-c$	度盘位置	a	b	c	$a-b$	$a-c$
° ′	″	″	″	″	″	° ′	″	″	″	″	″
0　00	+0.1	−0.2	−0.6			210　20	+0.3	−0.1	−0.2		
	+0.2	−0.3	−0.6				−0.2	−0.3	−0.3		
	+0.2	−0.2	−0.6	+0.4	+0.8		0.0	−0.2	−0.2	+0.2	+0.2
30　20	−1.2	−1.9	−1.7			240　40	−0.9	−1.1	−1.6		
	−1.2	−1.4	−2.0				−0.6	−1.4	−1.6		
	−1.2	−1.6	−1.8	+0.4	+0.6		−0.8	−1.2	−1.6	+0.4	+0.8
60　40	−1.1	−1.6	−1.5			270　00	+0.8	0.0	−1.1		
	−0.9	−1.7	−1.0				+0.6	−0.1	−0.2		
	−1.0	−1.6	−1.2	+0.6	+0.2		+0.7	0.0	−0.6	+0.7	+1.3
90　00	0.0	−0.5	−0.5			300　20	−0.9	−1.2	−1.6		
	+0.2	−0.2	−0.2				−0.5	−1.2	−1.2		
	+0.1	−0.4	−0.4	+0.5	+0.5		−0.7	−1.2	−1.4	+0.5	+0.7
120　20	+0.3	−0.8	−0.2			330　40	+0.2	0.0	0.0		
	0.0	−0.6	−0.4				+0.5	+0.1	+0.2		
	+0.2	−0.7	−0.3	+0.9	+0.5		+0.4	0.0	+0.1	+0.4	+0.3
150　40	−0.9	−1.6	−1.5								
	−0.7	−1.4	−1.3								
	−0.8	−1.5	−1.4	+0.7	+0.6						
180　00	−1.1	−1.8	−1.3								
	−0.9	−1.6	−1.2								
	−1.0	−1.7	−1.2	+0.7	+0.2						

中数　+0.5″　+0.6″

$r = +0.6″$；$r_{正} - r_{倒} = -0.1″$

（三）垂直微动螺旋使用正确性的检验

精确整平仪器，将望远镜照准挂有垂球的垂线，利用垂直微动螺旋使望远镜在垂直面内俯仰，如果在移动过程中，十字丝中心离开了垂线，则说明垂直微动螺旋作用不正确，在进行水平角观测时，禁止使用垂直微动螺旋照准目标。

（四）照准部旋转时仪器基座位移而产生的系统误差的检验

水平度盘与基座是固连在一起的，当照准部旋转时，由于垂直轴与轴套间的摩擦力使仪器的基座部分产生弹性扭曲，与基座相连的水平度盘也随之发生微小的方位变动。这种扭曲主要发生在照准部开始旋转时，因为必须克服轴与轴套间互相密接的惯力，而照准部在旋转过程中，只需克服较小的轴面摩擦力，当停止旋转后，没有任何力再作用于仪器的基座部分，它在弹性作用下就逐渐反向扭曲，企图恢复原来的平衡状态。因此，当以顺时针方向旋转照准部时，水平度盘也随之顺转一个微小的角度，使读数偏小；反之，以逆时针方向旋转照准部时，使读数偏大，从而给水平方向观测值带来系统误差。

检验时，在仪器墩或牢固的脚架上整置好仪器，选一清晰的目标或设置一目标。顺转照准部一周照准目标读数，再顺转一周照准目标读数；然后，逆转一周照准目标读数，再逆转一周照准目标读数。以上操作作为一测回，连续测定十个测回，分别计算顺、逆转两次照准目标读数的差值，并取十次的平均值，此值的绝对值对于 J_1 型仪器应不超过 $0.3''$，对于 J_2 型仪器应不超过 $1''$。

照准部旋转时仪器基座位移而产生的系统误差的检验记录、计算示例如表 3-8。

表 3-8　照准部旋转时仪器基座位移而产生的系统误差的检验

仪器：苏一光 J_1 　　　　　　　　　　　　　　　　　　　　　××××年××月××日

序号	项目	度盘位置	测微器的读数			一周的系统差
			Ⅰ	Ⅱ	和或中数	
		°	g	g	"	"
Ⅰ 测回						
1	顺转一周照准目标读数	0	03.6	03.6	07.2	
2	再顺转一周照准目标读数		03.3	03.5	06.8	−0.4
3	逆转一周照准目标读数		03.1	03.3	06.4	
4	再逆转一周照准目标读数		03.5	03.6	07.1	+0.7
Ⅱ 测回						
1	顺转一周照准目标读数	18	04.5	04.4	08.9	
2	再顺转一周照准目标读数		04.3	04.5	08.8	−0.1
3	逆转一周照准目标读数		04.0	04.2	08.2	
4	再逆转一周照准目标读数		04.2	04.0	08.2	0.0
Ⅲ 测回						
1	顺转一周照准目标读数	36	03.6	03.4	07.0	
2	再顺转一周照准目标读数		03.6	03.5	07.1	+0.1
3	逆转一周照准目标读数		03.7	03.6	07.3	
4	再逆转一周照准目标读数		03.5	03.7	07.2	−0.1

序号	项目	度盘位置	测微器的读数			一周的系统差
			Ⅰ	Ⅱ	和或中数	
ⅣV测回						
1	顺转一周照准目标读数	54	07.1	07.0	14.1	
2	再顺转一周照准目标读数		06.9	06.9	13.8	−0.3
3	逆转一周照准目标读数		07.0	07.0	14.0	
4	再逆转一周照准目标读数		07.0	07.1	14.1	+0.1

注：其他各测回记录格式同上，略；

顺转一周的系统差平均值：−0.12″；

逆转一周的系统差平均值：+0.22″。

（五）光学经纬仪水平轴不垂直于垂直轴之差的测定

水平轴不垂直于垂直轴之差的测定，采用高低点法测定。测定时，在距仪器5 m以外的地方设置高、低两个目标，两点应大致在同一铅垂线上，用仪器观测两点的垂直角的绝对值应不小于3°，其绝对值应大致相等，其差不得超过30″（设置目标时可用仪器指挥）。

（1）观测高、低两点的水平角6个测回，每测回均匀变换水平度盘和测微器位置。$2c$变化按高、低点方向分别比较，对J_{07}、J_1型仪器不得超过6″，对J_2型仪器不得超过10″；各测回角度值互差J_{07}、J_1型仪器应小于3″，J_2型仪器应小于8″。

（2）观测高、低点的垂直角$\alpha_高$和$\alpha_低$，用中丝法测3个测回。垂直角和指标差互差均不超过10″。

（3）计算水平轴倾斜误差。

将高、低点的观测值分别代入（3−7）式，有：

$$\begin{cases} (L-R)_高 = \dfrac{2c}{\cos\alpha_高} + 2i\,\tan\alpha_高 \\ (L-R)_低 = \dfrac{2c}{\cos\alpha_低} + 2i\,\tan\alpha_低 \end{cases} \qquad (3-8)$$

考虑到所设高、低点$|\alpha_高| = |\alpha_低| = \alpha$，由两式相加和相减分别可得：

$$\begin{cases} c = \dfrac{1}{4}\left[(L-R)_高 + (L-R)_低\right]\cos\alpha \\ i = \dfrac{1}{4}\left[(L-R)_高 - (L-R)_低\right]\cot\alpha \end{cases} \qquad (3-9)$$

当高、低点观测m个测回时，有：

$$\begin{cases} c = \dfrac{1}{4m}\left[\sum_1^m (L-R)_高 + \sum_1^m (L-R)_低\right]\cos\alpha \\ i = \dfrac{1}{4m}\left[\sum_1^m (L-R)_高 - \sum_1^m (L-R)_低\right]\cot\alpha \end{cases}, \qquad (3-10)$$

若令

$$c_高 = \frac{1}{2m}\sum_1^m (L-R)_高,$$

$$c_低 = \frac{1}{2m}\sum_1^m (L-R)_低,$$

则（3-10）式可简写为：

$$\begin{cases} c = \frac{1}{2}(c_高 + c_低)\cos\alpha \\ i = \frac{1}{2}(c_高 - c_低)\cot\alpha \end{cases} \qquad (3-11)$$

式中，

$$\alpha = \frac{1}{2}(\alpha_高 - \alpha_低)。$$

国家规范规定，对于 J_1 型仪器，i 的绝对值不得超过 $10''$；对于 J_2 型仪器，不得超过 $15''$。

表3-9和表3-10是利用高、低点法进行水平轴倾斜误差检验的示例。

表 3-9 水平轴不垂直于垂直轴之差的测定

（一）高、低两点间水平角的测定

仪器：苏一光 J_2 ×××× 年 ×× 月 ×× 日

度盘位置	照准点	读数				2c（左-右±180°）	左+右±180°／2	角度
°		盘左（L）		盘右（R）				
		° ′ ″	″	° ′ ″	″	″	° ′ ″	° ′ ″
0（顺）	1 高点	0 00 17 17	17	180 00 09 09	09	+08	0 00 13	359 59 41
	2 低点	0 00 00 01	00	179 59 48 48	48	+12	359 59 54	
30	1	30 11 40 41	40	210 11 35 36	36	+04	30 11 38	359 59 43
	2	30 11 24 25	24	210 11 18 19	18	+06	30 11 21	
60	1	60 23 12 13	12	240 23 10 10	10	+02	60 23 11	359 59 41
	2	60 22 55 55	55	240 22 48 48	48	+07	60 22 52	
90（逆）	1 高点	90 34 53 52	52	270 34 48 47	48	+04	90 34 50	359 59 42
	2 低点	90 34 36 35	36	270 34 29 28	28	+08	90 34 32	

续表

度盘位置	照准点	读数				2c (左-右±180°)	左+右±180°/2	角度
		盘左 (L)		盘右 (R)				
°		° ′ ″	″	° ′ ″	″	″	° ′ ″	° ′ ″
120	1	120 46 34 35	34	300 46 28 28	28	+06	120 46 31	59 59 42
	2	120 46 18 18	18	300 46 07 08	08	+10	120 46 13	
150	1	150 58 12 13	12	330 58 06 05	06	+06	150 58 09	359 59 39
	2	150 57 52 51	52	330 57 43 43	43	+09	150 57 48	

$$c_{高} = \frac{1}{2m} \sum_{1}^{n} (L-R)_{高} = \frac{1}{2\times6}(+30'') = +2.5''$$

$$c_{低} = \frac{1}{2m} \sum_{1}^{n} (L-R)_{低} = \frac{1}{2\times6}(+52'') = +4.3''$$

表 3-10 水平轴不垂直于垂直轴之差的测定

（二）高、低两点间垂直角的测定

仪器：苏一光 J_2 ××××年××月××日

照准点	测回	读数				指标差	垂直角
		盘左		盘右			
		° ′ ″	″	° ′ ″	″	″	° ′ ″
高点	I	81 59 57 58	58	278 00 42 42	42	+20	+8 00 22
	II	81 59 57 57	57	278 00 40 39	40	+18	+8 00 22
	III	81 59 52 52	52	278 00 41 42	42	+17	+8 00 25
	中数						+8 00 23
低点	I	98 00 21 21	21	262 00 14 14	14	+18	-8 00 04
	II	98 00 17 19	18	262 00 13 12	12	+15	-8 00 03
	III	98 00 18 18	18	262 00 21 20	20	+19	-7 59 59
	中数						-8 00 02

$$\alpha = 8°00'12''$$

水平轴不垂直于垂直轴之差：$i = \frac{1}{2}(c_{高} - c_{低})\cot\alpha = \frac{1}{2}(2.5'' - 4.3'') \times 7.112 = -6.4''$。

（六）光学对点器的检验

进行水平角观测时，必须使仪器中心与测站标志中心位于同一铅垂线上，通常是利用垂球或光学对点器进行仪器对中工作。当使用光学对点器对中时，为了保证对中精度，必须检验光学对点器的视准轴是否与仪器垂直轴重合。检验时，将仪器对中整平后，旋转照准部180°，若测站标志中心偏离光学对点器分划板上的小圆圈，可对光学对点器进行校正，使其视准轴与仪器垂直轴重合。

（七）光学测微器隙动差的测定

隙动差是测微器的测微度盘和活动的光学零件之间的转动存在着间隙而产生的读数误差，尤其在使用日久和拆修不当的光学仪器上更为明显。测微器"旋进"或"旋出"时度盘分划线相重合，测微器读出不同的读数，这种读数误差，即为隙动差。虽然在精密光学经纬仪设计中增加一些零件来减少隙动差的影响，但不能完全消除，因此必须进行此项检验。

在此项检验中，为了减少水平度盘和测微器分划系统误差的影响，规范规定，从$00°00'00''$开始共测定12个位置，以后每个位置都增加$15°00'50''$。

每一位置测定程序为：

①将测微器指标线对准应整置的位置，然后转动度盘变换钮和水平微动螺旋，使上述应整置的读数对径分划线重合；

②旋出测微螺旋少许，然后旋进，使水平度盘对径分划线精密重合并读数，此读数为旋进读数a；

③旋进测微螺旋少许，然后旋出，使水平度盘对径分划线精密重合并读数，此读数为旋出读数b；

④重复②、③步操作两次；

⑤计算每一次旋进读数a减旋出读数b，取三次中数，即为该位置上的隙动差，测微器隙动差的测定与计算见表3-11。规范规定：隙动差的绝对值对J_1型仪器不得超过$1''$（即0.5 g）；对J_2型仪器不应超过$2''$。

表 3-11　光学测微器隙动差的测定

仪器：苏一光J_2　No72228

度盘位置	测微器读数		隙动差 $a-b$	度盘位置	测微器读数		隙动差 $a-b$
	旋进 a	旋出 b			旋进 a	旋出 b	
00°	$00'00.7''$	$00'00.9''$	-0.2	90°	$05'00.0''$	$05'00.0''$	0.0
	$00.6''$	$00.7''$	-0.1		$00.3''$	$00.1''$	$+0.2$
	$00.3''$	$00.3''$	0		$00.7''$	$00.6''$	$+0.1$
			-0.1				$+0.1$

续表

度盘位置	测微器读数		隙动差 $a-b$	度盘位置	测微器读数		隙动差 $a-b$
	旋进 a	旋出 b			旋进 a	旋出 b	
15°	00′51.3″	00′51.7″	−0.4	105°	05′49.7″	05′49.6″	+0.1
	51.1″	51.4″	−0.3		49.2″	49.1″	+0.1
	51.6″	51.5″	0.1		49.3″	49.3″	0
			−0.3				+0.1
30°	01′40.7″	01′40.6″	+0.1	120°	06′40.1″	06′40.2″	−0.1
	40.5″	40.3″	+0.2		40.2″	40.1″	+0.1
	40.2″	40.2″	0		40.5″	40.3″	+0.2
			+0.1				+0.1
45°	02′30.1″	02′30.0″	+0.1	135°	07′29.7″	07′29.8″	−0.1
	30.5″	30.3″	+0.2		29.8″	29.7″	+0.1
	30.7″	30.6″	+0.1		30.0″	29.7″	+0.3
			+0.1				+0.1
60°	03′21.1″	03′21.2″	−0.1	150°	08′21.1″	08′21.0″	+0.1
	21.0″	21.0″	0		21.0″	20.8″	+0.2
	21.4″	21.3″	+0.1		21.2″	21.2″	0
			0				+0.1
75°	04′10.7″	04′10.5″	+0.2	165°	09′10.1″	09′10.0″	+0.1
	10.5″	10.6″	−0.1		10.4″	10.3″	+0.1
	10.4″	10.2″	+0.2		10.6″	10.5″	+0.1
			+0.1				+0.1

隙动差计算	平均隙动差 $=\dfrac{1}{n}\sum(a-b)=\dfrac{1}{12}\times(+0.5)=+0.04″$ 隙动差最大值 $=-0.3″$

任务 3.4　精密角度测量误差的来源及影响

角度测量过程中，有着各种各样的误差来源，主要分为三方面：作业环境引起的误差；仪器构造不完善引起的误差；观测过程中的人为误差。这些误差来源对角度观测的精度有着不同的影响，研究误差对观测成果影响的规律，在观测过程中采取相应的措施，可以保障观测成果的精度。

一、外界因素的影响

由于外界作业环境的复杂性，大气温度、湿度、密度、太阳照射方位及地形、地物和地类分布等外界因素变化对测角精度的影响是不同的，主要表现在以下几方面。

（一）大气状况对目标成像质量的影响

照准目标成像质量的好坏，直接影响角度测量的精度。精密测角中，要求目标成像稳定、清晰，大气层密度变化和大气透明度对目标成像质量有着显著影响。

（1）目标成像是否稳定主要取决于视线所通过的近地大气层密度的变化情况，也就是取决于太阳造成地面热辐射的强烈程度及地形、地物和地类等的分布特征。如果大气密度均匀不变，大气层则保持平衡，目标成像质量稳定；如果大气密度变化剧烈，目标成像就会产生上下左右跳动。实际上大气密度始终存在着不同程度的变化，当太阳照射，引起大气分子温度变化，不同地类吸热、散热性能不同，近地大气存在温度差别，从而形成大气对流，影响目标成像的稳定性。

（2）目标成像是否清晰主要取决于大气的透明程度，也就是取决于大气中对光线起散射作用的尘埃、水蒸气等物质的多少，本质上也取决于太阳辐射的强烈程度。由于太阳辐射，强烈的空气水平气流和上升对流使地面尘埃上升，水域和植被地段的强烈升温产生大量水蒸气，尘埃和水蒸气对近地大气的透明度起着决定性作用。

为了获得稳定清晰的目标成像，应选择有利的观测时间段进行观测。一般晴天在日出、日落和中午前后，成像模糊或跳动剧烈，此时不应进行观测。阴天由于太阳的热辐射较小，大气温度和密度变化也较小，几乎全天都能获得清晰稳定的目标成像，所以全天的任何时间都有利于观测。

（二）水平折光的影响

光线通过密度不均匀的介质时，会发生连续折射，并向密度大的一方弯曲，形成一条曲线。如图 3-19 所示，来自目标 B 的光线进入望远镜时，望远镜所照准的方向并非理想的照准方向 AB 直线，而是 AB 弧线在望远镜 A 处的切线方向 AC，两个方向间有一微小的夹角 δ，称为微分折光。微分折光可分为纵向和水平两个分量，其中，由于大气密度在垂直方向上的变化引起的纵向分量比较大，是微分折光的主要部分。微分折光的水平分量影响着视线的水平方向，对精密测角的观测成果产生系统性质的误差影响。

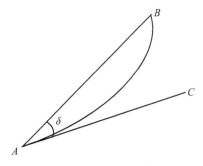

图 3-19　大气折光示意图

当太阳照射不同地类的地面时，由于吸热和散热性能的差异，使近地面处空气密度发生变化，引起水平折光的不同。如图 3-20 a 所示，白天在太阳照射下，沙石地面升温快，密度小，水面空气升温慢，密度大。由 A 点观测 B 点时，视线凹向河流，即图 3-20 b 中 AC 方向；夜间由于沙石地面散热快，水面空气散热慢，温度变化情况与白天正好相反，因此，夜间观测 B 点时，视线凸向河流，即图 3-20 b 中 AD 方向。可见，取白天和夜间观测成果的平均值，可以有效地减弱水平折光的影响。

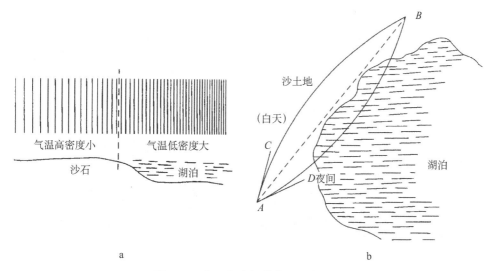

图 3-20　白天和夜间的水平折光影响

　　不仅大气温度变化会影响水平折光，当视线通过某些实体附近也会产生局部性水平折光影响。例如视线通过岩石等实体附近时，由于岩石较空气吸热快、传热也快，使岩石附近的气温升高、密度变小，从而使视线发生弯曲。并且，引起大气密度分布不均匀的地形、地物靠测站愈近，水平折光就愈大。

　　为了削减水平折光对精密测角的影响，选点时，视线应超越（或旁离）障碍物一定高度（或距离），避免从山坡、大河、湖泊、较大的城镇及工矿区的边沿通过，并应尽量避免视线通过高大建筑物、烟囱和电杆等实体的侧方。观测时，选择有利的观测时间，将整个观测工作分配在几个不同的时间段内进行。一般在有微风的时候或在阴天进行观测，可以减弱部分水平折光的影响。

（三）温度变化对视准轴的影响

　　观测时，由于空气温度变化，仪器各部分受热不均匀，产生微小的相对变形，使视准轴偏离正确位置，从而引起读数的不正确。视准轴误差表现在同一测回照准同一目标的盘左、盘右的读数差中，该差值为两倍视准轴误差，以 $2c$ 表示。

　　当没有由于仪器变形而引起的误差时，每个观测方向所得的 $2c$ 值与其真值之差表现出偶然性质。但当连续观测几个测回的过程中温度不断变化时，每个测回所得的 $2c$ 值互差表现出系统性质，并且与观测过程中的温度变化密切相关。

　　利用 $2c$ 值的上述性质，观测中可采用按时间对称排列的观测程序来削弱这种误差对观测结果的影响。假设在一测回的较短时间内，空气温度变化与时间成比例，则按时间对称排列的观测程序，上半测回依顺时针次序观测各目标，下半测回依逆时针次序观测各目标，并尽量使观测每一目标的时间间隔相近，当同一方向上、下半测回观测值取平均时，可以认为各目标是在同一平均时刻观测的，因而所取平均值受到相同的误差影响，在计算角度时可以大大削弱温度变化对视准轴影响而产生的误差。

（四）照准目标的相位差

当照准目标呈圆柱形时，如觇标的圆筒，在阳光的照射下，圆筒上会出现明亮和阴暗两部分，如图 3-21 所示。当背景较阴暗时，十字丝往往照准其较明亮部分的中线；当背景较明亮时，十字丝却照准其较阴暗部分的中线。这样，十字丝照准的实际位置并非照准目标的真正中心轴线，从而给观测结果带来误差，这种误差叫作相位差。

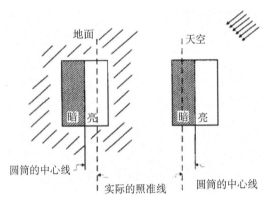

图 3-21　照准目标相位差

为了减弱相位差的影响，精密测角中一般采用反射光线较小的圆筒，如微相位照准圆筒。当阳光的照射方位发生变化时，相位差也会随之不同。由于上午和下午太阳分别位于两个对称位置，使照准目标的明亮与阴暗部分恰恰相反，则相位差的影响也正好相反，因此，每个测站最好在上午和下午各观测半数测回，在各测回平均值中可有效削弱相位差的影响。

（五）觇标内架或三脚架扭转的影响

在地面上观测时，仪器通常安放在三脚架上，在高标上观测时，仪器则安放在觇标内架的观测台上。当温度发生变化，如阳光照射，会使觇标内架或三脚架产生不均匀的胀缩，从而引起扭转。当觇标内架或三脚架发生扭转时，仪器基座和与之固连在一起的水平度盘也会随之发生变动，给水平方向观测带来误差影响。

假定在一测回的观测过程中，觇标内架或三脚架的扭转是匀速发生的，采用按时间对称排列的观测程序也可以减弱这种误差对水平角的影响。并且，要选择有利的观测时间，避免在日出、日落前后及温度、湿度有显著变化的时间段内观测。

二、仪器误差的影响

除外界因素会影响观测精度外，仪器误差（如视准轴误差、水平轴倾斜误差、垂直轴倾斜误差、照准部偏心差、水平度盘偏心差、测微器行差、度盘分划误差和测微器分划误差等）也是影响观测精度的主要误差来源。

（一）水平度盘位移的影响

照准部旋转时带动仪器基座产生弹性扭曲，会使水平度盘发生位移，从而给水平方向观测值带来系统性的误差影响。依顺时针方向旋转照准部时，会使读数偏小；而依逆时针方向旋转照准部时，会使读数偏大。

根据这种误差的性质，如果在半测回中保持照准部的旋转方向不变，则各照准目标的观测值中含有符号相同、大小基本相等的误差影响，则由各方向组成的角度值中可基本消除这种误差影响。如果在一测回中，上半测回以顺时针方向旋转照准部，依次照准各目标，下半测回以逆时针方向旋转照准部，按相反的次序照准各目标，则在同一角度的上、下半测回的平均值中可以很好地消除这种误差影响。

（二）照准部水平微动螺旋作用不正确的影响

使用照准部水平微动螺旋精确照准目标时，由于油污阻碍或弹簧老化等原因使长期处于受压状态的反作用弹簧弹力减弱，当旋出照准部水平微动螺旋后，微动螺杆顶端出现微小的空隙，不能及时推动照准部转动，在读数过程中，弹簧才逐渐伸张而消除空隙，使视准轴偏离照准方向，给读数带来误差。为了减弱其影响，规定照准目标时应按旋进方向，即压紧弹簧的方向，旋转照准部水平微动螺旋，并且尽量使用水平微动螺旋的中间部分。

（三）垂直微动螺旋作用不正确的影响

仪器精平后，转动垂直微动螺旋，望远镜应在垂直面内俯仰。但是，如果水平轴与其轴套之间有空隙，垂直微动螺旋的运动方向与其反作用弹簧弹力的作用方向不在同一直线上时，产生的附加力矩会引起水平轴一端位移，使视准轴位置发生改变，给水平方向观测值带来误差，这就是垂直微动螺旋作用不正确的影响。若垂直微动螺旋作用不正确，在观测水平角时，禁止使用垂直微动螺旋，直接用手转动望远镜到所需的位置。

（四）光学测微器隙动差的影响

隙动差是测微器的测微度盘和活动的光学零件之间的转动存在着间隙而产生的读数误差，尤其在使用日久和拆修不当的光学仪器上更为明显。虽然在精密光学经纬仪设计中增加一些零件来减少隙动差的影响，但不能完全消除，特别是随着仪器使用时间的增长，测微器机械传动部分的磨损增大，"旋进读数"、"旋出读数"的差异将更大。规范规定，在使用测微器进行读数时，应使测微器"旋进"而终止。

三、照准误差和读数误差的影响

（1）照准误差主要与望远镜的放大率、照准目标的形状、目标影像的亮度和清晰度及人眼的判断能力有关，如果目标成像晃动、与背景分辨不清，会增大照准误差甚至产生照准错误，可见，照准误差受外界因素的影响较大。

（2）读数误差主要取决于仪器的读数设备，当采用对径重合法读数时，读数误差主要表现为对径重合误差，它受外界条件的影响较小。如果照明情况不佳，显微镜目镜未调好焦，观测者技术不熟练，都会增大读数误差。

因此，选择目标成像清晰稳定的观测时间，仔细消除视差，观测者认真负责地进行观测，是提高精度的有效措施。此外，由于照准误差和读数误差具有偶然性质，还可以用多余观测的方法来削弱其影响，如对径重合读数两次和多于一个测回的观测，对多个观测量取平均，可以削弱照准误差和读数误差的影响。

四、精密测角的一般原则

根据各种误差的性质及其影响规律，精密测角中，为了尽可能地消除或削弱各种误差的影响，制订了相应的测角原则。

（1）选择目标成像清晰、稳定的有利时间段进行观测，以提高照准精度和减小大气折光的影响。

（2）观测前应认真调焦，消除视差，在一测回的观测过程中不得重新调焦，以免引起视准轴的变动。

（3）各测回应将起始方向均匀地分配在水平度盘和测微器的不同位置，以消除或削弱度盘和测微器的分划误差的影响。

（4）上、下半测回分别采用盘左、盘右观测，以消除和减弱视准轴误差、水平轴倾斜误差等的影响，同时可由盘左、盘右的读数差获得两倍视准轴误差 $2c$，借以检核观测质量。

（5）一测回的观测过程中，应按与时间对称排列的观测程序，上、下半测回依相反次序照准目标，并使每一目标的观测时间大致相同，以消除或减弱与时间成比例均匀变化的误差影响，如温度变化对视准轴的影响、觇标内架或三脚架的扭转等。

（6）为了避免或减弱仪器操作过程中带动水平度盘位移的误差，要求每半测回开始观测前，照准部按规定的转动方向先预转 $1\sim2$ 周。

（7）使用照准部水平微动螺旋和测微螺旋时，其最后旋转方向均应为旋进。

（8）仪器应精平，当照准部水准器气泡在观测过程中偏离水准器中央一格时，应在测回间重新整平仪器，以减弱垂直轴倾斜误差的影响。

──────────── 项目小结 ────────────

本项目主要介绍精密光学经纬仪及其工具的结构特点，方向观测法的施测与计算，精密光学经纬仪的检验方法，精密测角的误差分析等知识点。虽然精密光学经纬仪已经很少在当今工程建设中使用，但作为测绘类专业学生，还是应对其结构、操作、读数等有所了解，培养学生良好的职业素质。

──────────── 思考题 ────────────

1. 我国光学经纬仪系列分为 J_{07}，J_1、J_2、J_6 等型号，试述 J 字及其右下角数字各代表什么含义？

2. 影响方向观测精度的误差主要分哪三大类？各包括哪些主要内容？

3. 何谓水平折光差？为什么说由它引起的水平方向观测误差呈系统误差性质？在作业中应采取什么措施来减弱其影响？

4. 试判断下列情况是否重测。若重测，是否记重测方向测回数？

（1）当观测员完成了上半测回，记录员才发现归零差超限，但未通知观测员，观测员继续完成了下半测回；

（2）在下半测回快要结束时，观测员发现气泡偏离过大；

（3）当观测员读完下半测回归零方向的读数后，记录员发现下半测回归零差超限并未做记录；

（4）当记录员记完了一个测回的记录后，发现观测员测错了一个方向；

（5）记录员在记录过程中记错了秒值。

5. 简述精密测角的一般原则。

6. 读出下列精密光学经纬仪的读数（估读到 $0.1''$）。

a.北光TDJ2E光学经纬仪　　　　　　　　　b.威特T2光学经纬仪

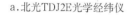

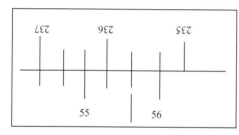

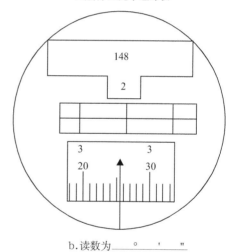

a.读数为＿＿＿°＿＿＿′＿＿＿″　　　　　b.读数为＿＿＿°＿＿＿′＿＿＿″

项目 4　精密距离测量

[项目提要]

本项目主要介绍电磁波测距原理、全站仪的原理及使用方法、精密测距的外业实施及内业计算方法、测距误差的主要来源等知识点。通过本项目的学习，掌握全站仪精密测距及内业处理的原理与方法。

任务 4.1　电磁波测距基本知识

在各种测量工作中，距离测量占据着极其重要的地位。传统的距离测量通常有直接法测距和间接法测距。

一、直接法测距

直接法测距就是采用已知长度刻划的测尺、测规等量测工具与被测距离进行直接比对。1961 年前，我国天文大地网的所有基线或起始边长几乎都是用 24 m 铟瓦基线尺测定的。在工程测量中有时还用皮尺或钢尺进行距离测量。传统的直接法距离测量，其优点是测量过程直观，测量设备相对简单，也能达到较高的测量精度（铟瓦基线尺的测距精度可高于 1/100 万）。其缺点也比较突出：一是测尺的测程较短，一般的钢尺长度为 30 m 或 50 m，超过一整尺长的距离需要多次串尺测量；二是在跨越山沟、河谷方面，显得困难重重，甚至无能为力；三是劳动强度大，效率低下。

二、间接法测距

为了克服直接法测距在野外测量中的缺陷，人们一直设法寻求新的测距手段。如视差法测距，其主要特点是把长度基准 L 平置于被测距离的端点上，且与视线垂直，通过测量长度基准端点间的水平角来间接计算被测距离。总体来说，这种测量方法测程还是有限（一般为几百米），精度也不高（约为万分之一）。

间接法测距为以后的距离测量提示了一个思路，即首先获得一个比较容易测定且含有距离信息的间接量，然后按一定的方法再求得距离。采用电磁波信号进行距离测量就是测定电磁波信号在被测距离上的传播时间，间接求得被测距离。

（一）电磁波测距的基本方法

电测波测距是通过测定电磁波波束在待测距离上往返传播的时间来确定待测距离的。如图 4-1 所示，欲测量 A、B 两点间的距离 D，在 A 点安置电磁波测距仪，在 B 点设置反射棱镜，测距仪发出的电磁波信号经反射棱镜反射，又回到测距仪主机。如果测定电磁波信号在 A、B 往返之间传播的时间为 t，则距离 D 可按下式计算：

$$D=\frac{1}{2}C \times t, \qquad\qquad (4-1)$$

式中，C 为电磁波在大气中的传播速度（约等于 3×10^8 m/s）。电磁波往返传播的时间 t 可以直接测定，也可以间接测定。

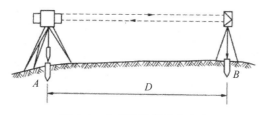

图 4-1　电磁波测距基本方法

不难看出，利用电磁波测距，只要在测距仪的测程范围内，中间无障碍，在任何地形条件下的距离测量都是十分快捷便利的，因此被广泛用于大地测量、工程测量、地形测量、地籍测量和房地产测绘中。

（二）电磁波测距的基本原理

电磁波测距仪按测量测距信号往返传播时间 t 的方法不同，分为脉冲式测距仪和相位式测距仪两种。脉冲式测距仪直接测定 t，而相位式测距仪间接测定 t。

1. 脉冲式测距基本原理

脉冲式测距直接测定仪器所发射的脉冲信号往返于被测距离的传播时间，从而得到待测距离。图 4-2 为其工作原理图。由光电脉冲发射器发射出一束光脉冲，经发射光学系统投射到被测目标。与此同时，由取样棱镜取出一小部分光脉冲送入光电接收系统，并由光电接收器转换为电脉冲（称为主脉冲波），作为计时的起点；从被测目标反射回来的光脉冲也通过光电接收系统后，由光电接收器转换为电脉冲（也称回脉冲波），作为计时的终点。可见，主脉冲波和回脉冲波之间的时间间隔是光脉冲在测线上往返传播的时间 t_{2D}。而 t_{2D} 是通过计数器并由标准时间脉冲振荡器不断产生的具有时间间隔 t 的电脉冲数 n 来决定的。

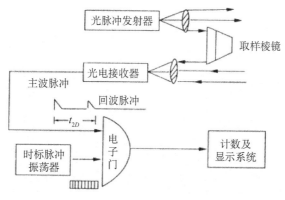

图 4-2　脉冲式测距的基本原理

因为

$$t_{2D} = nt,\qquad\qquad (4-2)$$

则

$$D = Cnt/2 = nd。\qquad\qquad (4-3)$$

式（4-3）中，n 为标准时间脉冲的个数；$d=Ct/2$，即在时间 t 内，光脉冲往返所走的一个单位距离。所以，我们只要事先选定一个 d 值（例如 10 m、5 m、1 m 等），记下送入计数系统的脉冲数目，就可以直接把所测距离（$D=nd$）用数码显示器显示出来。

2. 相位式测距基本原理

所谓相位式测距就是通过测量连续的调制信号在待测距离上往返传播产生的相位变化来间接测定传播时间，从而求得被测距离。图 4-3 表示其工作原理。

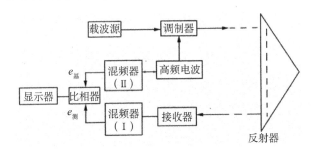

图 4-3　相位式测距的基本原理

由载波源产生的光波经调制器被高频电波所调制，成为连续调制信号。该信号经测量路线达到彼端反射器，经反射后被接收器所接收，再进入混频器（Ⅰ），变成低频（或中频）测距信号 $e_{测}$。另外，在高频电波对载波进行调制的同时，仪器发射系统还产生一个高频信号，此信号经混频器（Ⅱ）混频后成为低频（或中频）基准信号 $e_{基}$。$e_{测}$ 和 $e_{基}$ 在比相器中进行相位比较，由显示器显示出调制信号在两倍测线距离上传播所产生的相位移，或者直接显示出被测距离值。

如图 4-4 所示，若在 A 点的测距仪向 B 处反射棱镜连续发射角频率 ω 振幅 e_m 的调制光波信号 e_1，经接收系统接收反射回来的反射波信号为 e_2，则经过 t_{2D}（调制波往返于测线所经历的时间）后，发射波与反射波之间的相位差为：

$$\varphi = e_2 - e_1 = e_m \sin(\omega t - \omega t_{2D}) - e_m \sin\omega t = \omega t_{2D}。\qquad (4-4)$$

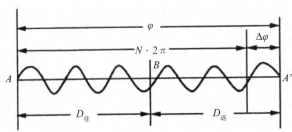

图 4-4　信号往返一次的相位差

若测出相位差，则可以由式（4-4）解出调制波在测线上往返传播的时间 t_{2D} 为：

$$t_{2D}=\frac{\varphi}{\omega}=\frac{\varphi}{2\pi f}, \qquad (4-5)$$

式中，f 为调制波频率。将上式代入式（4-4）中可得到用相位差表示的测距公式：

$$D=\frac{1}{2}C\frac{\varphi}{\omega}=\frac{1}{2}C\frac{\varphi}{2\pi f}=\frac{C}{4\pi f}\varphi。 \qquad (4-6)$$

由图 4-4 可以看出：

$$\varphi=2N\pi+\Delta\varphi=2\pi(N+\Delta N), \qquad (4-7)$$

式中，N 为相位差中的整周期数；$\Delta\varphi$ 为不足一个周期的相位差的尾数；ΔN 为 $\Delta\varphi$ 对应的小数周期。

将式（4-7）代入式（4-6）得：

$$D=\frac{C}{4\pi f}\cdot 2\pi(N+\Delta N)=\frac{\lambda}{2}(N+\Delta N), \qquad (4-8)$$

式中，λ 为测距信号波长，$\lambda=C/f$。为便于说明问题，令 $U=\lambda/2$，则上式变为：

$$D=U(N+\Delta N), \qquad (4-9)$$

式（4-9）就是相位式测距的基本公式。显然相位式测距相当于用一把长度为 U 的"电尺"来丈量被测距离。被测距离等于 N 个整尺段再加上余长 $\Delta N\cdot U$。由于 U 是已知的，因此欲得到距离 D 必须测定两个量：一个是"整波数"N；另一个是"余长"$U=\lambda/2=C/2f$，亦即相位差尾数 $\Delta\varphi$ 值（因 $\Delta N=\Delta\varphi/2\pi$）。在相位式测距仪中，一般只能测定 $\Delta\varphi$（或 ΔN），无法测定整波数 N。这好比钢尺量距，记录员忘了丈量的整尺段数，只记住了最后不足一尺的余长。因此相位式测距必须设法测定整波数 N 才能确定被测距离。

从式（4-9）可以看出，如果测尺长度足够大，大到距离 D 不够一个测尺长度 U 时，则只有 ΔN，而整尺数 $N=0$，这时就能够确定被测距离 $D=\Delta N\cdot U$，根据 $U=\lambda/2=C/2f$，$C=3\times10^{-5}$ km/s，可以选择调制频率较低的长测尺。表 4-1 列出了测尺长度与测尺频率（调制频率）及测相精度的对应关系。

表 4-1 测尺频率（调制频率）与测尺长度及测相精度对应表

测尺频率	15 MHz	1.5 MHz	150 kHz	15 kHz	1.5 kHz
测尺长度	10 m	100 m	1 km	10 km	100 km
测相精度	1 cm	10 cm	1 m	10 m	100 m

由表 4-1 可以看出，测尺越长，测距精度越低。为了实现测程远且精度又高的要求，在测距仪上采用合理搭配的一组测尺共同测距，以长测尺（又称粗测尺）解决 N 的问题，保证测程；短测尺（又称精测尺）保证精度。这就如同钟表上用时、分、秒三针互相配合来确定 12 小时内的准确时刻一样，根据测距仪的最大测程与精度要求，设置调制频率的个数，即选择测尺数目和测尺精度。对于短程测距仪，一般采用两个测尺频率。

任务 4.2　电磁波测距的外业实施与内业计算

一、精密距离测量的实施

对于测距而言，目前通常采用测距仪或全站仪。为了保证距离测量成果的精度，对所用的测距仪器应按有关测量规范要求进行检验，因为仪器任何部件效用的不正确或误差都会影响距离测量结果的精度。

（一）测距仪的检验

对用于距离测量的测距仪或全站仪的测距部分，按相应中短程电磁波测距规程要求应做如下项目的检验：

（1）测距仪的检视；

（2）发射、接收、照准三轴关系正确性的检校；

（3）发光管光相位不均匀性的检验；

（4）幅相误差的检验；

（5）周期误差的检验；

（6）加常数和乘常数的检验；

（7）棱镜常数的检验；

（8）测程的检验；

（9）内部符合精度的检验；

（10）测程的检验；

（11）检定综合精度的评定；

（12）精测频率的检验。

对于新购置或经过修理过的测距仪要进行以上全部项目的检验，对于正常使用的测距仪，应定期检验（5）、（6）两项。

2008年5月实施的《工程测量规范》中，删去了测距仪器检校的具体内容，它属于仪器检定的范畴。但在高海拔地区作业时，对辅助工具送当地气象台（站）的检验校正是很有必要的。

仪器检定应由具有计量检定资质的专门机构来做，并提供检定证书。

（二）精密测距的外业实施

进行测距作业，首先应选择经检定合格的测距仪和气象仪器，具体作业和测距成果的改正计算应依照规范和有关规定进行。

1. 观测时间的选择

（1）距离观测时间的选择，应考虑地形、地面植被、地面的粗糙、温度、云量、风速和大气透明度。

（2）在平原或丘陵地区，晴天无云雾时，各等级边长测距的最佳观测时间是：上午日出后半小时至一个半小时，下午日落前三小时至半小时；在山地沟谷地区则应选择在下午日落前的时间观测。

（3）阴天、有微风时，全天可以观测。

（4）雷雨前后，大雾、大风、雨、雪天和大气透明度很差时，不应进行距离测量。

2. 距离测量

正确安置测距仪和反射棱镜，对中误差应不大于 2 mm，量取测距仪和棱镜高各两次，读至毫米，取平均值。严格按照仪器操作程序作业，各种键、钮的操作要轻柔。保证仪器周围大气流通性较好，晴天应张伞遮阳。严禁将测距仪正对太阳，免得损坏仪器。测距时在测线方向不应有其他强反光体。任何时候，测距仪和反射棱镜均要有人看守。当观测数据超限时，应重测整个测回（测回是指照准目标 1 次，读数 2~4 次的过程），如观测数据出现分群时，应分析原因，采取相应措施重新观测。

各等级边长测距的主要技术要求，应符合表 4-2 的规定。

表 4-2　测距的主要技术要求

平面控制网等级	仪器精度等级	测回数		一测回读数较差（mm）	单程各测回较差（mm）	往返较差（mm）
		往	返			
三等	5 mm 级仪器	3	3	≤5	≤7	≤ 2（a+b×D）
	10 mm 级仪器	4	4	≤10	≤15	
四等	5 mm 级仪器	2	2	≤5	≤7	
	10 mm 级仪器	3	3	≤10	≤15	
一级	10 mm 级仪器	2	—	≤10	≤15	
二、三级	10 mm 级仪器	1	—	≤10	≤15	—

注：①测距的 5 mm 级仪器和 10 mm 级仪器，是指当测距长度为 1 km 时，仪器的标称精度 m_D 分别为 5 mm 和 10 mm 的电磁波测距仪器，$m_D = a + b \cdot D$；

②困难情况下，边长测距可采取不同时间段测量代替往返观测；

③计算测距往返较差的限差时，a、b 分别为相应等级所使用仪器标称的固定误差和比例误差。

（三）测定气象要素

电磁波测距的同时要测定气象要素，以进行测距的大气改正。气象元素包括气温、气压和空气绝对湿度。绝对湿度是通过测定空气的干温和湿温后计算而取得。干、湿温度表应悬挂在离开地面和人体 1.5 m 以外阳光不能直射的地方，且读数精确至 0.2℃；气压表应置平，指针不应滞阻，且读数精确至 50 Pa。对于四等及以上等级的控制网边长测量，应分别量取两端点观测始末的气象数据，计算气象改正数时取平均值。

二、精密测距的内业计算

地面上观测的斜距，首先要进行加常数、乘常数、大气、周期误差的改正；然后将斜距换算至平距，归算至参考椭球面，投影至高斯平面等几个步骤。这样测距边长就可以用于控制测量的平差计算。

（一）加常数改正

经检定得到的测距仪加常数 K（这里的加常数 K 包括了棱镜加常数），对距离观测值 D 进行改正，改正公式为：

$$D' = D + K。 \tag{4-10}$$

（二）乘常数改正

测距边长值应该是基于测距仪的标准频率而得的，但是测距仪的频率会发生漂移，从而对距离观测值产生影响。

设 R 为乘常数，D'' 为经乘常数改正后的距离观测值，则乘常数的改正公式为：

$$D'' = D' + D' \times R。 \tag{4-11}$$

（三）气象改正

电磁波在大气中传播速度随大气温度 t、气压 P、湿度 e 等条件变化而改变，因而实际测距作业时的大气状态变化将会对距离观测值产生影响，必须予以改正，即加上一个气象改正数。由于湿度 e 对距离观测值产生的影响较小，通常不予考虑。因为温度、气压的变化会影响大气折射率，不同波长的电磁波传递速度受到的大气折射率影响也不同，也就是说，电磁波测距信号的波长的不同，气象要素对其影响的程度也不同。

波长 $\lambda = 0.832 \ \mu\text{m}$ 的红外测距信号，其气象改正公式为：

$$\Delta D_n = \left(278.96 - \frac{0.3872P}{1 + 0.003661t}\right)D_{测}, \tag{4-12}$$

式中，ΔD_n 为边长的气象改正值（mm）；P 为测站气压（mmHg），1 mmHg = 133.322 Pa；t 为测站温度（℃）；$D_{测}$ 为观测距离（km）。

通常，测距仪的说明书中或给出气象改正公式，或给出测距信号的波长，或给出一个以温度、气压为引数的改正表。目前较新的测距仪（全站仪）都具有自动计算大气改正数的功能，即在观测时直接键入温度、气压值，由仪器自动计算气象改正，其最后显示的距离是经过气象改正的距离。

（四）斜距归算至平距

如图 4-5 所示，设野外测定的斜距为 d，它是在测站 A 和棱镜站 B 不等高的情况下得到的。将 d 化至平距时，首先要选取所在高程面，高程面不同，平距值亦不同。这里讨论将 d 化至 A、B 平均高程面上的平距 D_0。这对于以后的换算和往、返测观测的较差检核，都是便利的。

在控制测量中，距离 S 通常不超过 10 km，水平距离计算，可分别按下列公式进行：

$$D_P = \sqrt{S^2 - h^2}, \tag{4-13}$$

式中，D_P 为测距两端点的平均高程面的水平距离（m）；S 为经气象及加、乘常数等改正后的斜距（m）；h 为仪器与反光镜之间的高差（m）。

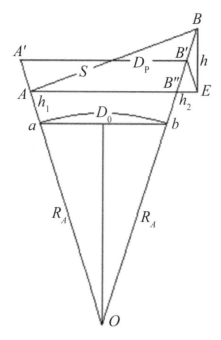

图 4-5　测距成果的归算

（五）平距归算至测区平均高程面

有些时候，需要将测区内所有的观测平距对算到测区平均高程面上。此时应按下式计算：

$$D_{\mathrm{H}} = D_{\mathrm{P}}\left(1 + \frac{H_{\mathrm{P}} - H_{\mathrm{m}}}{R_{\mathrm{A}}}\right),$$　　　　（4-14）

式中：D_{H}——测区平均高程面上的测距边长度（m）；

　　　H_{P}——测区的平均高程（m）；

　　　H_{m}——测距两端的平均高程（m）；

　　　R_{A}——参考椭球体在测距边方向法截弧的曲率半径（m）。

（六）平距归算至参考椭球面

归算到参考椭球面上的测距边长度，应按下式计算：

$$D_0 = D_{\mathrm{P}}\left(1 - \frac{H_{\mathrm{m}} + h_{\mathrm{m}}}{R_{\mathrm{A}} + H_{\mathrm{m}} + h_{\mathrm{m}}}\right),$$　　　　（4-15）

式中：D_0——归算到参考椭球面上的测距边长度（m）；

　　　h_{m}——测区大地水准面高出参考椭球面的高差（m）。

（七）将椭球面上的长度归算至高斯平面

测距边在高斯投影面上的长度，应按下式计算：

$$D_{\mathrm{g}} = D_0\left(1 + \frac{y_{\mathrm{m}}^2}{2R_{\mathrm{m}}^2} + \frac{\Delta y^2}{24R_{\mathrm{m}}^2}\right),$$　　　　（4-16）

式中：D_g——测距边在高斯投影面上的长度（m）；

$\quad\quad y_m$——测距边两端点横坐标的平均值（m）；

$\quad\quad R_m$——测距边中点的平均曲率半径（m）；

$\quad\quad \Delta y$——测距边两端点近似横坐标的增量（m）。

任务 4.3 电磁波测距的误差来源及影响

测距误差的大小与仪器本身的质量、观测时的外界条件及操作方法有着密切的关系。为了提高测距精度，必须正确分析测距的误差来源、性质及大小，从而找到消除或削弱其影响的办法，使测距获得最优精度。

相位式测距的基本公式为：

$$D = \frac{1}{2f}\frac{c_0}{n}\left(N+\frac{\Delta\Phi}{2\pi}\right), \quad\quad (4-17)$$

式中，$c_0 = c \cdot n$。

将其线性化并根据误差传播定律得测距误差：

$$M_D^2 = D^2\left\{\left(\frac{m_{c_0}}{c_0}\right)^2+\left(\frac{m_f}{f}\right)^2+\left(\frac{m_n}{n}\right)^2\right\}+\left(\frac{\lambda}{4\pi}\right)^2 m_\Phi^2, \quad\quad (4-18)$$

式中，c_0 为光在真空中传播的速度；f 为测尺频率；n 为大气折射率；Φ 为相位；λ 为测尺波长。

上式表明，测距误差 M_D 是由以上各项误差综合影响的结果。实际上，观测边长 S 的中误差 M_S 还应包括仪器加常数的测定误差 m_K 和测站及镜站的对中误差 m_l，即

$$M_S^2 = D^2\left\{\left(\frac{m_{c_0}}{c_0}\right)^2+\left(\frac{m_f}{f}\right)^2+\left(\frac{m_n}{n}\right)^2\right\}+\left(\frac{\lambda}{4\pi}\right)^2 m_\Phi^2+m_K^2+m_l^2。 \quad\quad (4-19)$$

上式中的各项误差影响，一方面，就其方式来讲，有些是与距离成比例的。如 m_{c0}、m_f 和 m_n 等，我们称这些误差为"比例误差"；另一些误差影响与距离长短无关。如 m_Φ、m_K 及 m_l 等，我们称其为"固定误差"。另一方面，就各项误差影响的性质来看，有系统的，如 m_{c0}、m_f、m_K 及 m_n 中的一部分；也有偶然的，如 m_Φ、m_l 及 m_n 中的另一部分。对于偶然性误差的影响，我们可以采取不同条件下的多次观测来削弱其影响；而对系统性误差影响则不然，但我们可以事先通过精确检定，缩小这类误差的数值，达到控制其影响的目的。

一、比例误差的影响

由（4-19）式可看出，光速值 c_0、调制频率 f 和大气折射率 n 的相对误差使测距误差随距离 D 而增加，它们属于比例误差。这类误差对短程测距影响不大，但对中远程精密测距影响十分显著。

（一）光速值 c_0 的误差影响

1975 年国际大地测量及地球物理联合会同意采用的光速暂定值为：$c_0 =$（299792458±

1.2）m/s，这个暂定值是目前国际上通用的数值，其相对误差 $\frac{m_{c0}}{c_0}=4\times10^{-9}$，这样的精度是极高的，所以，光速值 c_0 对测距误差的影响甚微，可以忽略不计。

（二）调制频率 f 的误差影响

调制频率的误差，包括两个方面，即频率校正的误差（反映了频率的精确度）和频率的漂移误差（反映了频率稳定度）。前者由于可用 $10^{-8}\sim10^{-7}$ 的高精度数字频率计进行频率的校正，因此这项误差是很小的。后者则是频率误差的主要来源，它与精测尺主控振荡器所用的石英晶体的质量、老化过程及是否采用恒温措施密切相关。当主控振荡器的石英晶体不加恒温措施的情况下，其频率稳定度为 $\pm1\times10^{-5}$。这个稳定度远不能满足精密测距的要求（一般要求 m_f/f 在 $0.5\times10^{-6}\sim1.0\times10^{-6}$ 范围内），为此，精密测距仪上的振荡器采用恒温装置或者气温补偿装置，并采取了稳压电源的供电方式，以确保频率的稳定，尽量减少频率误差。目前，频率相对误差 m_f/f 估计为 -0.5×10^{-6}。

频率误差影响在精密中远程测距中是不容忽视的，作业前后应及时进行频率检校，必要时还得确定晶体的温度偏频曲线，以便给以频率改正。

（三）大气折射率 n 的误差影响

在式（4-19）中，若只是大气折射率 n 有误差，则有：

$$\mathrm{d}D/D=-\mathrm{d}n/n。 \tag{4-20}$$

通常，大气折射率 n 约为 1.0003，因 $\mathrm{d}n$ 是微小量，故这里取 $n=1$，于是有：

$$\mathrm{d}D/D=-\mathrm{d}n。 \tag{4-21}$$

对于激光（$\lambda=6328\mathrm{\AA}$）测距来说，大气折射率 n 由下式给出，即

$$n=1+\frac{170.91\times P-15.02e}{273.2+t}\times10^{-6}。 \tag{4-22}$$

由上式可以看出，大气折射率 n 的误差是由于确定测线上平均气象元素（P 气压、t 温度、e 湿度）的不正确引起的，这里包括测定误差和气象代表性误差（即测站与镜站上测定值之平均经过前述的气象元素代表性改正后，依旧存在的代表性误差）。各气象元素对 n 值的影响可分别求微分，并取中等大气条件下的数值（$P=101.325$ kPa，$t=20$℃，$e=1.33322$ kPa）代入后有：

$$\begin{cases} \mathrm{d}n_t=-0.95\times10^{-6}\mathrm{d}t \\ \mathrm{d}n_P=+0.37\times10^{-6}\mathrm{d}p \\ \mathrm{d}n_e=-0.05\times10^{-6}\mathrm{d}e \end{cases}。 \tag{4-23}$$

由此可见，激光测距中温度误差对折射系数的影响最大。当 $\mathrm{d}t=1$℃时，$\mathrm{d}n_t=-0.95\times10^{-6}$，由此引起的测距误差约一百万分之一。影响最小的是湿度误差。

从以上的误差分析来看，正确地测定测站和镜站上的气象元素，并使算得的大气折射系数与传播路径上的实际数值十分接近，从而大大地减少大气折射的误差影响，这对精密中远程测距是十分重要的。因此，在实际作业中必须注意以下几点。

（1）气象仪表必须经过检验，以保证仪表本身的正确性。读定气象元素前，应使气象仪

表反映的气象状态与实地大气的气象状态充分一致。温度读至 $0.2℃$，其误差应小于 $0.5℃$，气压读至 $0.0667\ kPa$，其误差应小于 $0.1333\ kPa$，这样，由于气象元素的读数误差引起的测距误差可望小于 $1×10^{-6}$。

（2）气象代表性的误差影响较为复杂，它受到测线周围的地形、地物和地表情况及气象条件诸因素的影响。为了削弱这方面的影响，选点时应注意地形条件，尽量避免测线两端高差过大的情况，避免视线擦过水域。观测时，应选择在空气能充分调和的有微风的天气或温度比较稳定的阴天。必要时，可加测测线中间点的温度。

（3）气象代表性的误差影响，在不同的时间（如白天与黑夜），不同的天气（如阴天和晴天），具有一定的偶然性，有相互抵消的作用。因此，采取不同气象条件下的多次观测取平均值，也能进一步地削弱气象代表性的误差影响。

二、固定误差的影响

如前所述，测相误差 m_Φ，仪器加常数误差 m_K 和对中误差 m_l 都属于固定误差。它们都具有一定的数值，与距离的长短无关，所以在精密短程测距时，这类误差将处于突出的地位。

（一）对中误差 m_l

对于对中或归心误差的限制，在控制测量中，一般要求对中误差在 $3\ mm$ 以下，要求归心误差在 $5\ mm$ 左右。但在精密短程测距时，由于精度要求高，必须采用强制归心方法，最大限度地削弱此项误差影响。

（二）仪器加常数误差 m_K

仪器加常数误差包括在已知线上检定时的测定误差和由于机内光电器件的老化变质与变位而产生加常数变更的影响。通常要求加常数测定误差 $m_K \leqslant 0.5m$，此处 m 为仪器设计（标称）的偶然中误差。对于仪器加常数变更的影响，则应经常对加常数进行及时检测，予以发现并改用新的加常数来避免这种影响。同时，要注意仪器的保养和安全运输，以减少仪器光电器件的变质和变位，从而减少仪器加常数可能出现的变更。

（三）测相误差 m_Φ

测相误差 m_Φ 是由多种误差综合而成的。这些误差有测相设备本身的误差、内外光路光强相差悬殊而产生的幅相误差、发射光照准部位改变所致的照准误差及仪器信噪比引起的误差。此外，由仪器内部的固定干扰信号而引起的周期误差也在测相结果中反映出来。

1. 测相设备本身的误差

目前常用方法有移相—鉴相平衡测相法和自动数字测相法两种。

当采用移相—鉴相平衡测相法时，测相设备本身的误差与电感移相器的质量，读数装置的正确性及鉴相器的灵敏度等有关。其中电感移相器与机械计数器是联动的，由于移相器电路元件的变化和非线性误差影响，以及鉴相器的不灵敏，使机械计数器的读数与应有值不符而产生测相误差，对此，必须提高移相器和鉴相器本身的质量。测距时，我们采用内外光路的多次交替观测，这样可以消除相位零点的漂移，提高测相精度。

当采用自动数字测相法时，数字相位计本身的误差与检相电路的时间分辨率、时间脉冲频率，以及一次测相的检相次数有关。一般来说，检相触发器和门电路的启闭愈灵敏，时标脉冲的频率愈高，则测相精度愈高，这自然和设备的质量有关。测相的灵敏度还与信号的强弱有关，而信号的强弱又与大气能见度、反光镜大小等因素有关。所以选择良好的大气条件配置适当的反光镜，也可以减少数字相位计产生的测相误差。

2. 幅相误差

由信号幅度变化而引起的测距误差称为幅相误差。产生的原因是放大电路有畸变或检相电路有缺陷，当信号强弱不同时，使移相量发生变化而影响测距结果，这种误差有时达 1～2 cm。为了减小幅相误差，除了在制造工艺上改善电路系统外，尽量使内外光路信号强度大致相当。一般内光路光强调好后是不大改变的，因而必须对外光路接收信号做适当的调整，为此在机内设置了自动增益控制电路，还专门设置了手动减光板等设备，供作业时随时调节接收信号强度，使内外光路接收信号接近。通过这种措施，幅相误差可望小于 ±5 mm。

3. 照准误差

当发射光束的不同部位照射反射镜时，测量结果将有所不同，这种测量结果不一致而存在的偏差称为照准误差。产生照准误差的原因是发射光束的空间相位的不均匀性、相位漂移及大气的光束漂移而产生的。据研究，当精尺长为 2.5 m 时，由此引起的照准误差约为 ±（2～3）cm。照准误差是影响测相精度的一项主要误差来源，为了尽可能地消除这种误差影响，观测前，要精确进行光电瞄准，使反射器处于光斑中央。多次精心照准和读数，取平均后的照准误差可望小于 ±5 mm。大气光束漂移的影响可选择有利观测时间和多次观测的办法加以削弱。

4. 信噪比引起的误差

测相误差还与信噪比有关。由于大气抖动和仪器内部光电转换过程中可能产生的噪音（包括光噪音、电噪音和热噪音）使测相产生误差。这种误差是随机变化的，它的影响随信号强度的增强而减小（即随信噪比的增大而减小）。所以，为了削弱信噪比的影响，必须增大信号强度，并采用增多检相次数取平均值的办法。一般仪器一次自动测相的结果也是几百乃至几千次以上的检相平均值。总的测相误差 m_Φ 为以上几项误差的综合。

5. 周期误差

所谓周期误差，是指按一定距离为周期而重复出现的误差。它是由于机内同频串扰信号的干扰而产生的。这种干扰主要由机内电信号的串扰而产生。周期误差可采取测定其振幅和初相而在观测值中加以改正来消除其影响。

──────────── 项目小结 ────────────

本项目主要介绍电磁波测距原理、全站仪的原理及使用方法、精密测距的外业实施及内业计算方法、测距误差的主要来源等知识点。通过本项目的学习，掌握全站仪精密测距及内业处理的原理与方法。

思 考 题

---

1. 电磁波测距仪有哪些分类方法？各是如何分类的？

2. 为什么电磁波测距仪一般都采用两个以上的测尺频率？利用单一频率能否进行距离测量？为什么？

3. 相位式测距仪测距的基本原理是什么？试简述其中的 N 值确定方法。

4. 测距误差共有哪些？哪些属于比例误差？哪些属于固定误差？

5. 测距仪显示的斜距平均值中要加入哪些改正才能化为椭球面上的距离？

6. 用光电测距仪进行距离测量时，在测站上应对测得的倾斜距离加入哪些改正？

项目 5　导线测量

［项目提要］

本项目主要介绍导线测量外业观测、导线测量的概算、导线测量的验算、导线测量的平差计算等知识点。通过本项目的学习，学生能掌握导线测量的外业施测过程与内业处理的方法。

任务 5.1　导线测量的主要技术要求

一、技术要求

2007 年 10 月 25 日颁布了中华人民共和国国家标准《工程测量规范》GB 50026—2007，该新规范已于 2008 年 5 月 1 日正式实施。在新规范中，"平面控制测量"条款内容的编排上做了重大调整，不但把 GPS 测量内容纳入到其中，而且采用了依控制测量方法按作业工序编排条款内容的方式，使之更加具有技术性、先进性和可操作性。

各等级导线测量的主要技术要求，应符合表 5-1 的规定。

表 5-1　导线测量的主要技术要求

等级	导线长度（km）	平均边长（km）	测角中误差（"）	测距中误差（mm）	测距相对中误差	测回数			方位角闭合差（"）	导线全长相对闭合差
						1"级仪器	2"级仪器	6"级仪器		
三等	14	3	1.8	20	1/150 000	6	10	—	$3.6\sqrt{n}$	≤1/55 000
四等	9	1.5	2.5	18	1/80 000	4	6	—	$5\sqrt{n}$	≤1/35 000
一级	4	0.5	5	15	1/30 000	—	2	4	$10\sqrt{n}$	≤1/15 000
二级	2.4	0.25	8	15	1/14 000	—	1	3	$16\sqrt{n}$	≤1/10 000
三级	1.2	0.1	12	15	1/7000	—	1	2	$24\sqrt{n}$	≤1/5000

注：①表中 n 为测站数；

②当测区测图的最大比例尺为 1∶1000 时，一、二、三级导线的平均边长及总长可适当放长，但最大长度不应大于表中规定长度的 2 倍；

③测角的 1"、2"、6"级仪器分别包括全站仪、电子经纬仪和光学经纬仪。

当导线平均边长较短时，应控制导线边数，但不得超过表 5-1 相应等级导线长度和平均边长算得的边数；当导线长度小于表 5-1 规定长度的 1/3 时，导线全长的绝对闭合差不应大于 13 cm。

导线网中，结点与结点、结点与高级点之间的导线长度不应大于表 5-1 中相应等级规定长度的 0.7 倍。

二、选点、埋石

导线外业测量的开始，首先应把在技术设计中已经设计好的点位和网形落实到实地上，并按规定的规格埋设测量标志，绘制点之记。

（一）实地选点

在地形图上设计好控制网以后，即可到实地去落实点位，并对图上设计进行检查和纠正，这项工作称之为实地选点。实地选点的任务是：根据布网方案和测区情况，在实地选定控制点最佳位置。

实地选点时，需要配备下列仪器和工具：小平板、罗盘仪、望远镜、卷尺、花杆和对讲机等。

实地选点之前，必须对整个测区的地形情况有较全面的了解。在山区和丘陵地区，点位一般都设在制高点上，选点工作比较容易。如果图上设计考虑得周密细致，此时只需到点上直接检查通视情况即可，通常不会有太大的变化。但在平原地区，由于地势平坦，往往视线受阻，选点工作比较困难。为了既保证网形结构好，又尽可能避免建造高标，就需要详细地观察和分析地形，登高远望，检查通视情况。在此种情况下，所选定的点位就有可能改变。在建筑物密集区，可将点位选取在稳固的永久性建筑物上。

选点的作业步骤如下：

（1）先到已知点上，判明该点与相邻已知点在图上和实地上的相对位置关系，然后检查该点的标石觇标的完好情况。

（2）按已知方向标定小平板的方位，用罗盘仪测出磁北方向，并按设计图检查各方向的通视情况，对不通视的方向，应及时进行调整。

（3）依照设计图到实地上去选定其他点的点位，在每点上同样进行第二项的工作，并在小平板上画出方向线，用交会法确定预选点的点位。这样逐点推进，直到全部点位在实地上都选定为止。

控制点选定后，需打木桩予以标记。控制点一般以村名、山名、地名作为点名。新旧点重合时，一般采用旧名，不宜随便更改。点位选定以后，应及时写出点的位置说明（点之记）。

选点工作结束后，应提交下述资料：

（1）选点图。选点图的比例尺视测区范围而定。图上应注明点名和点号，并绘出交通干线、主要河流和居民地点等。

（2）控制点位置说明。填写点的位置说明，是为了日后寻找点位方便，同时也便于其他单位使用控制点资料，了解埋设标石情况。

（3）文字说明。内容包括：任务要求，测区概况，已有测量成果及精度情况，设计的技术依据，旧点的利用情况，最长和最短边长、平均边长及最小角的情况，精度估算的结果、对埋石和观测工作的建议等。

（二）控制点标石的埋设

关于控制点标石的埋设，详见本书第22页"3. 平面控制点标石的埋设"。

（三）绘制点之记

如项目2所述，控制点标志埋设结束后，需要绘制点之记。点之记是以图形和文字的形式对点位的描述。点之记中包括的主要内容：点名、点号、位置描述、点位略图及说明、断面图等。表5-2为一点之记实例。

表5-2 导线点之记

Ⅰ级（5″）导线点之记

点名	TN002	通视点名	002	等级	Ⅰ级	所在图幅	5
所在地：昌图县毛家店镇新兴隆村（原良种一队）					概略坐标	L:	B:

点位略图	点位说明
新兴隆村（原良种一队）	点位：在新兴隆村（原良种一队）北小路南侧处。 1. 距西北方向坟顶 66.40 m； 2. 距西北方向隔离带栏杆 12.13 m； 3. 距正西方向路外拐角 30.10 m 标石断面图 单位：cm

选点单位：国家测绘局第二地形测量队	
选点员	薛林靖
选点日期	2003 年 12 月 5 日
是否联测Ⅳ等水准	是

任务5.2 全站仪结构与操作

全站仪即全站型电子速测仪，是一种集光、机、电为一体的高技术测量仪器，是集水平角、垂直角、距离（斜距、平距）、高差测量功能于一体的测绘仪器系统。因其一次安置仪器就可完成该测站上全部测量工作，所以称为全站仪。它是将电子经纬仪、电子测距仪和电子记簿组合在一起，在同一微处理机控制下，在测站上能同时自动测定和显示距离、水平角和垂直角，并能计算地面点的三维空间坐标。全站仪的自动记录、储存、计算功能及数据通信功能，进一步提高了测量作业的自动化程度，广泛用于地上大型建筑和地下隧道施工等精密工程测量或变形监测领域。下面分别以拓普康（TOPCON）GPT-3000N 系列全站仪和南方科利达 KTS-482RLC 全站仪为例，介绍全站仪的基本结构与操作。

一、拓普康 GPT-3000N 系列全站仪

本任务介绍拓普康（TOPCON）GPT-3000N 系列全站仪。

1. 基本技术参数说明

（1）技术规格

①距离测量

距离测量的测程与精度见表 5-3。

表 5-3　测程与精度

无棱镜模式			棱镜模式		
目标	天气状况		目标	天气状况	
	低强度阳光、没有热闪烁			薄雾、能见度约 20 km、中等阳光、稍有闪烁	
白色表面	1.5～250 m		1 块棱镜	3000 m	
测量精度	1.5～25 m	±（10 mm）m.s.e	测量精度	±（3 mm+2 ppm×D）m.s.e（D：距离）	
	25 m 至更远	±（5 mm）m.s.e			

②角度测量

精度（标准差）：

GPT-3002N：2″；

GPT-3005N：5″；

GPT-3007N：7″。

测量时间：小于 0.3 s。

倾斜改正补偿范围：±3′。

（2）各部件名称（图 5-1）

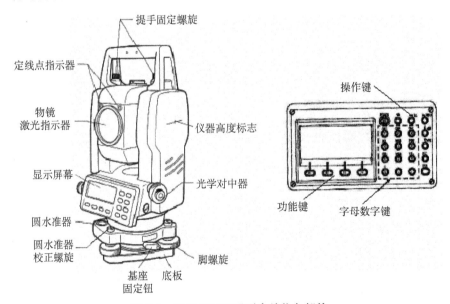

图 5-1　GPT-3000N 系列全站仪各部件

（3）键盘介绍

键盘各按键的功能见表 5-4 和表 5-5。

表 5-4　键盘功能介绍

键	名称	功能
★	星键	星键模式用于如下项目的设置或显示： ①显示屏幕对比度；②十字丝照明；③背景光； ④倾斜改正；⑤定线点指示器；⑥设置音响效果
↗↙	坐标测量键	坐标测量模式
↗↙	距离测量键	距离测量模式
ANG	角度测量键	角度测量模式
POWER	电源键	电源开关
MENU	菜单键	在菜单模式和正常测量模式之间切换，在菜单模式下可设置应用测量与照明调节，仪器系统误差纠正
ESC	退出键	返回测量模式或上一层模式； 从正常测量模式直接进入数据采集模式或放样模式； 也可用作正常测量模式下的记录键。 设置退出键功能需要按住［F2］键开机，在模式设置中更改
ENT	确认键	在输入值之后按此键
F1～F4	软键（功能键）	对应于显示的软键功能信息

表 5-5　★键功能介绍

键	显示符号	功能
F1	照明	显示屏背景光开/关
F2	NP/P	无棱镜/棱镜模式切换
F3	激光	激光指示器打开/闪烁/关闭
F4	对中	激光对中器开/关（仅适用于有激光对中器的类型）
再按一次（★）键		
F1	—	—
F2	倾斜	设置倾斜改正，若设置为开，则显示倾斜改正值
F3	定线	定线点指示器开/关
F4	S/A	显示 EDM 回光信号强度（信号）、大气改正值（PPM）
▲▼	黑白	调节显示屏对比度（0～9 级）
◄ ►	亮度	调节十字丝照明亮度（1～9 级） 十字丝照明开关和显示屏背景光开关是联通的

2. 角度测量

水平角（右角）和垂直角测量在角度测量模式下进行，键盘功能和角度测量操作见表5-6和表5-7。

表5-6　角度测量功能介绍

屏幕显示页数	软键	显示符号	功能
1	F1	置零	水平角置为0°00′00″
	F2	锁定	水平角读数锁定
	F3	置盘	通过键盘输入数字设置水平角
	F4	P1↓	显示第2页软键功能
2	F1	倾斜	设置倾斜改正开或关，若选开，即显示倾斜改正值
	F2	复测	角度重复测量模式
	F3	V%	垂直角百分比坡度（%）显示
	F4	P2↓	显示第3页软键功能
3	F1	H-蜂鸣	仪器每转动水平角90°是否要发出蜂鸣声的设置
	F2	R/L	水平角右/左计数方向的转换
	F3	竖盘	垂直角显示格式（高度角/天顶距）的切换
	F4	P3↓	显示下一页（第1页）软键功能

表5-7　角度测量操作

操作过程	操作	显示
照准第一个目标A	照准A	V： 90°10′20″ HR：122°09′30″ 置零 锁定 置盘 P1↓
设置目标A的水平角为0°00′00″，按〔F1〕（置零）键和（是）键	〔F1〕	水平角置零 ＞OK? ___ ___ 〔是〕 〔否〕
照准第二个目标B，显示目标B的V/H	〔F3〕	V： 90°10′20″ HR： 0°00′00″ 置零 锁定 置盘 P1
	照准目标B	V： 98°36′20″ HR：160°40′20″ 置零 锁定 置盘 P1

3. 距离测量

（1）按键功能

距离测量模式下各按键功能见表 5-8。

表 5-8　距离测量功能介绍

屏幕显示页数	软键	显示符号	功能
1	F1	测量	启动测量
	F2	模式	设置测距模式精测/粗侧/跟踪
	F3	NP/P	无/有棱镜模式切换
	F4	P1↓	显示第 2 页软键功能
2	F1	偏心	偏心测量模式
	F2	放样	放样测量模式
	F3	S/A	设置音响模式
	F4	P2↓	显示第 3 页软键功能
3	F2	m/f/i	米、英尺或者英尺、英寸单位的变换
	F4	P3↓	显示第 1 页软键功能

（2）大气改正的设置

本仪器标准状态为：温度 15℃，气压 1013.25 hPa，此时大气改正为 0 ppm，可以通过直接设置温度和气压值的方法进行设置。

在距离测量模式第 2 页，按〔F3〕（S/A）键，选择（T-P），按〔F1〕（输入）键，输入温度和大气压。

（3）棱镜常数的设置

拓普康的棱镜常数为 0，设置棱镜改正为 0。在无棱镜模式下测量时，请确认无棱镜常数改正设置为 0。在无棱镜测量时小于 1 m 或大于 400 m 的距离将不会显示。

在距离测量模式第 2 页，按〔F3〕（S/A）键，选择〔F1〕（棱镜）键，按上下键选择有无棱镜常数，按〔F1〕（输入）键，输入棱镜常数。

（4）距离测量

确认处于测角模式。按距离测量键（◢），即可进行距离测量，屏幕上显示 HR、HD、V，再按一次距离测量键，屏幕上则显示 HR、V、SD。

提示 1：当光电测距（EDM）在工作时，"＊"标志会出现显示窗。

提示 2：要从距离测量模式返回到正常的角度测量模式下，可按〔ANG〕键。

（5）精测模式/跟踪模式/粗测模式

在距离测量模式下，选择〔F2〕（模式）键，进行精测、跟踪、粗测模式的选择。

精测模式（F）为正常模式。跟踪模式（T）观测时间比精测模式短，在跟踪移动的目标或放样时用。粗测模式（C）观测时间比精测模式短。

（6）N 次距离测量

在测量模式下可设置 N 次测量模式或者连续测量模式。同时按 ［F2］＋［POWER］开机进入选择模式下的模式设置状态第 2 页，选择 ［F2］（N 次/重复）键进行 N 次设置重复测量。通过 ［F3］（测量次数）键设置测量次数。

按下距离测量键开始连续测量，当连续测量不需要时，按 ［F1］ 测量键，屏幕上显示平均值。

4. 参数设置模式

同时按 ［F2］ 和 POWER 键开机，可进入参数设置模式，工作参数设置见表 5-9。

表 5-9　参数设置

菜单	项目	选择项	内容
单位设置	温度和气压	C/F hPa/mmHg/inHg	选择大气改正用的温度和气压单位
	角度	DEG（360°） /GON（400G）/ MIL（640M）	选择测角单位，deg/gon/mil（度/哥恩/密位）
	距离	METER/FEET/FEET 和 inch	选择测距单位，m/ft/ft＋in（米/英尺/英尺＋英寸）
	英尺	美国英尺/国际英尺	选择 m/ft 转换系数 美国英尺 1m＝3.2808333333333 ft 国际英尺 1m＝3.280839895013123 ft
模式设置	开机模式	测角/测距	选择开机后进入测角模式或测距模式
	精测/粗测/跟踪	精测/粗测/跟踪	选择开机后的测距模式，精测/粗测/跟踪
	平距/斜距	平距和高差/斜距	开机后优先显示的数据项，平距和高差或斜距
	竖角 ZO/HO	天顶 0/水平 0	选择竖直角读数从天顶方向为零基准或水平方向为零基准
	N 次/重复	N 次/重复	选择开机后测距模式，N 次/重复测量
	测量次数	0～99	设置测距次数，若设置 1 次，即为单次测量
	NEZ/ENZ	NEZ/ENZ	选择坐标显示顺序，NEZ/ENZ
	HA 存储	开/关	设置水平角在仪器关机后可被保存在仪器中
	ESC 键模式	数据采集/放样/记录/关	可选择 ［ESC］ 键的功能 数据采集/放样：在正常测量模式下按 ［ESC］键，可以直接进入数据采集模式下的数据输入状态或放样菜单 记录：在进行正常或偏心测量时，可以输出观测数据 关：回到正常功能
	坐标检查	开/关	选择在设置放样点时是否要显示坐标（开/关）

续表

菜单	项目	选择项	内容
模式设置	EDM 关闭时间	0～99	设置电测测距（EDM）完成后到测距功能中断的时间可以选择此功能，它有助于缩短从完成测距状态到启动测距的第一测量时间（缺省值为 3 分钟） 0：完成测距后立即中断测距模式 1～98：在 1～98 分钟后中断 99：测距功能一直有效
	精读数	0.2/1 MM	设置测距模式（精测模式）最小读数单位 1 mm 或 0.2 mm
	偏心竖角	自由/锁定	在角度偏心测量模式中选择垂直角设置方式。 FREE：垂直角随望远镜上、下转动而变化 HOLDA：垂直角锁定，不因望远镜转动而变化
	无棱镜/棱镜	无棱镜/棱镜	选择开机时距离测量的模式
	激光对中器关闭时间（仅适用于激光对中类型）	1～99	激光对中功能可自动关闭 1～98：在激光对中器工作 1～98 分钟后自动关闭 99：人工控制关闭
其他设置	水平角蜂鸣	开/关	说明每当水平角为 90°时是否发出蜂鸣声
	信号蜂鸣声	开/关	说明在设置音响模式下是否发出蜂鸣声
	两差改正	关/K＝0.14/K＝0.20	设置大气折光和地球曲率改正，折光系数有：K＝0.14 和 K＝0.20 或不进行两差改正
	坐标记忆	开/关	选择关机后测站点坐标、仪器高和棱镜高是否可以恢复
	记录类型	REC-A/REC-B	数据输出的两种模式：REX-A 或 REC-B REC-A：重新进行测量并输出新的数据 REC-B：输出正在显示的数据
	ACK 模式	标准方式/省略方式	设置与外部设备进行通信的过程 STANDARD：正常通信 OMITED：即使外部设备略去［ACK］联络，信息数据也不再被发送
	格网因子	使用/不使用	确定在测量数据计算中是否使用坐标格网因子
	挖和填	标准方式/挖和填	在放样模式下，可显示挖和填的高度，而不显示 dZ
	回显	开/关	可输出回显数据
	对比度	开/关	在仪器开机时，可显示用于调节对比度的屏幕并确认棱镜常数（PSM）和大气改正值（PRM）

二、南方科利达 KTS-482RLC 全站仪

1. 基本部件

基本部件如图 5-2 所示。

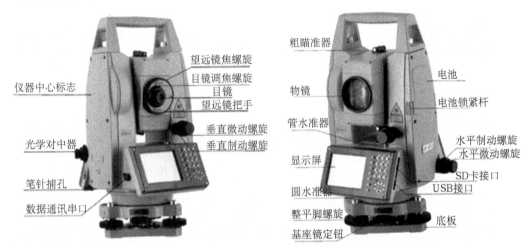

图 5-2　南方科利达 KTS-482RLC 全站仪各部件

2. 键盘

键盘如图 5-3 所示，键盘按键功能如表 5-10 所示。

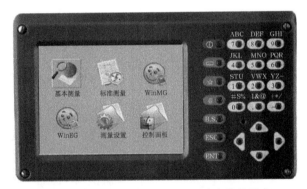

图 5-3　南方科利达 KTS-482RLC 全站仪键盘

表 5-10　南方科利达 KTS-482RLC 全站仪的键盘按键功能

按键	名称	功能
⏻	电源键	控制电源的开/关
0~9	数字键	输入数字，用于欲置数值
A~/	字母键	输入字母
▣	输入面板键	显示输入面板

续表

按键	名称	功能
★	星键	用于仪器若干常用功能的操作
@	字母切换键	切换到字母输入模式
B. S	后退键	输入数字或字母时，光标向左删除一位
ESC	退出键	退回到前一个显示屏或前一个模式
ENT	回车键	数据输入结束并认可时按此键
◆	光标	上下左右移动光标

3. 基本测量

在 Win 全站型电子速测仪功能主菜单界面单击图标"![图标]"，进入基本测量功能，如图 5-4 所示。

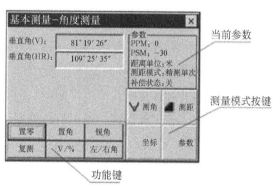

图 5-4 南方科利达 KTS-482RLC 全站仪基本测量功能

（1）角度测量

水平角（右角）和垂直角测量如表 5-11 所示。

表 5-11 角度测量

操作步骤	按键	显示
照准第一个目标（A）	照准 A	

操作步骤	按键	显示
设置目标 A 的水平角读数为 0°00′00″。单击［置零］键，在弹出对话框选择［OK］键确认	［置零］［OK］	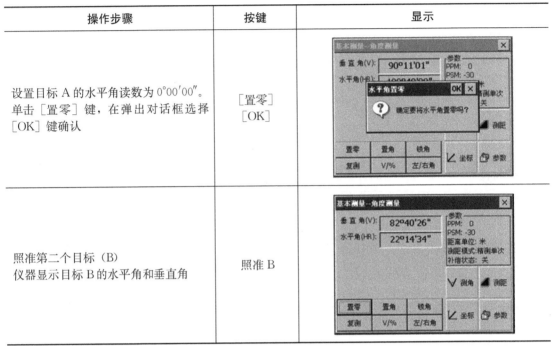
照准第二个目标（B）仪器显示目标 B 的水平角和垂直角	照准 B	

（2）距离测量

在基本测量初始屏幕中，单击［测距］键进入距离测量模式，如表 5-12 所示。测距前，要结合实际情况，按"★"键，设置目标类型、温度、气压、棱镜常数等。

表 5-12　距离测量

操作步骤	按键	显示
照准棱镜中心	照准	
单击［测距］键进入距离测量模式。系统根据上次设置的测距模式开始测量	［测距］	

续表

操作步骤	按键	显示
单击［模式］键进入测距模式设置功能。这里以"连续精测"为例	［模式］	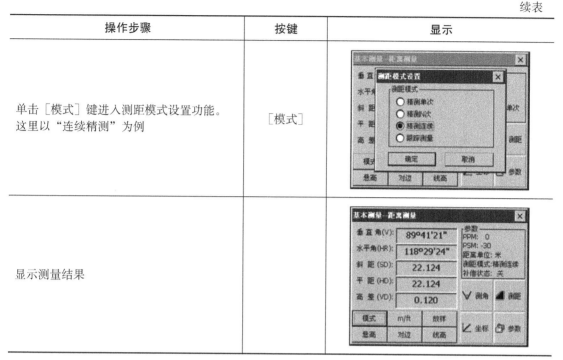
显示测量结果		

任务 5.3 导线测量的外业观测

导线测量的外业观测就是借助全站仪或光学经纬仪、电子经纬仪和测距仪等仪器进行导线的角度测量和边长测量。在作业前必须按规范要求对所使用的仪器进行相关项目的检验，经检验合格后才可以用于导线的外业测量工作。

一、水平角观测

水平角观测时宜采用方向观测法，当方向数不多于 3 个时，可不归零。各测回间度盘和测微器应配置正确的初始位置。

水平角观测过程中，气泡中心位置偏离整置中心不宜超过 1 格。四等以上的水平角观测，当观测方向的垂直角超过 $\pm 3°$ 时，宜在测回间重新整置气泡位置。

三、四等导线的水平角观测，当测站只有两个方向时，应在观测总测回中以奇数测回的度盘位置观测导线前进方向的左角，以偶数测回的度盘位置观测导线前进方向的右角。左右角的测回数为总测回数的一半。但在观测右角时，应以左角起始方向为准变换度盘位置，也可用起始方向的度盘位置加上左角的概值在前进方向配置度盘。

左角平均值与右角平均值之和与 $360°$ 之差，不应大于本规范相应等级导线测角中误差的 2 倍。

水平角观测限差超限时，应在原来的度盘位置上进行重测，并应符合下列规定。

（1）2c 较差超限时，应重测超限方向，并联测零方向；

（2）下半测回归零差超限或零方向的 $2c$ 较差超限，应重测该测回；

（3）若一测回中重测方向数超过总方向数的 $1/3$ 时，应重测该测回。当重测的测回数超过总测回数的 $1/3$ 时，应重测该站。

导线的水平角观测结束后，应按式（5-1）计算导线（网）测角中误差：

$$m_\beta = \sqrt{\frac{1}{N}\left[\frac{f_\beta f_\beta}{n}\right]}, \tag{5-1}$$

式中：f_β——附合导线或闭合导线环的方位角闭合差（″）；

$\quad\quad n$——计算 f_β 时的测站数；

$\quad\quad N$——附合导线或闭合导线环的个数。

在进行水平角观测时应注意如下事项。

（1）要采取必要措施，保证仪器在观测过程中的稳定性。为此，安置仪器时应踩紧脚架，防止下沉和产生偏转。在土壤过于松软的地区观测，要在三脚架的三只脚尖地方打入木桩。在市区要防止柏油路面在夏天受热软化变形带来的不良影响，在测站上必须撑伞，最好要把整个脚架都遮住。在观测过程中，禁止旁人在三脚架附近走动。

（2）防止温度对仪器结构的影响，在观测前半小时左右，仪器从箱中取出，让它和外界空气的温度相一致。在使用仪器过程中，必须轻拿轻放，防止震动和碰撞。

（3）防止旁折光的影响，城市导线测量往往视线靠近热源而引起旁折光。例如：日光照射到的建筑物的墙面、树干、电线杆、土堆及通风筒的出口处等，当视线穿过河面或平行于河岸时，河面上空气密度与岸上空气密度不一样，也要引起旁折光。因此，在导线选点时应考虑远离引起旁折光的物体 1 m 以外。为减少旁折光的影响，阴天观测比晴天要好。

（4）在市区测角时，为克服行人和车辆等通视的障碍，水平角观测可在夜间进行。另外用升高经纬仪及觇牌的脚架，观测人员站在方凳上观测，使视线高于行人的高度，也是实践证明行之有效的方法。

二、导线边的测量

导线边的测量宜采用中、短程红外测距仪。中、短程的划分，短程为 3 km 以下；中程为 3～15 km。电磁波测距仪按标称精度分级，当测距长度为 1 km 时，仪器精度分别为：

Ⅰ级：$|mD| \leqslant 5$ mm；

Ⅱ级：5 mm $< |mD| \leqslant 10$ mm；

Ⅲ级：10 mm $< |mD| \leqslant 20$ mm。

新《工程测量规范》对电磁波测距仪测距精度的等级分为：5 毫米级和 10 毫米级两种。

电磁波测距仪及辅助工具的检校，应符合如下规定：

（1）对于新购置或经大修后的测距仪，应进行全面检校；

（2）测距使用的气象仪表，应送气象部门按有关规定检测；

（3）当在高海拔地区使用空盒气压计时，宜送当地气象台（站）校准。

测距作业应符合下列要求：

（1）测距时应在成像清晰和气象条件稳定时进行，雨、雪和大风等天气不宜作业，不宜顺光、逆光观测，严禁将测距仪对准太阳；

（2）当反光镜背景方向有反射物时，应在反光镜后遮上黑布作为背景；

（3）测距过程中，当视线被遮挡出现粗差时，应重新启动测量；

（4）当观测数据超限时，应重测整个测回。当观测数据出现分群时，应分析原因，采取相应措施重新观测；

（5）温度计宜采用通风干湿温度计，气压表宜采用高原型空盒气压计；

（6）当测量四等及以上的边长时，应量取两端点的测边始末的气象数据，计算时应取平均值。测量温度时应量取空气温度，通风干湿温度计应悬挂在离开地面和人体 1.5 m 以外的地方，其读数取值精确至 0.2℃。气压表应置平，指针不能滞阻，其读数取值精确至 50 Pa；

（7）当测距边用三角高程测定的高差进行倾斜修正时，垂直角的观测和对向观测较差要求，可按五等三角高程测量的有关规定放宽 1 倍执行；

（8）测距宜选在日出后 1 小时或日落前 1 小时左右的时间内观测。

三、导线测量记录要求

记录员在整个导线测量的工作中具有至关重要的作用，记录员不但要将数据正确的记录下来，还要对测站的各项限差进行检核，并完成相关的计算。

记录员在记录数据时应遵循如下规则：

（1）对于观测员报出的读数，应先复述再记录；

（2）每一测站应于现场记录所有的记录项目，包括文字项目和数据，不可缺项；

（3）迁站前应检查记录数据的完整性，并经检核无超限时方可迁站；

（4）记录字体的高度应稍大于记录表格的一半；

（5）对于原始记录数据，不可擦、涂、挖、贴，不可转抄、字改字；

（6）不论什么原因，数据的末位不能更改，如其他数位（非末位）出现错误，可以划改，并加备注；

（7）不许连环更改数据。所谓连环更改，就是同时更改了一个测站（或测回）两个相关的数据，或是同时更改了某观测数据和用此观测数据通过计算而得到的计算数据。

事实上，所有的控制测量外业数据记录，都应遵守以上记录规则。

任务 5.4　导线测量的内业计算

导线测量的内业计算部分主要包括概算、验算与平差等部分内容。概算就是将方向观测值和距离观测值归算至高斯平面；而验算就是依控制网的几何条件检核观测质量；平差则是计算出各控制点的最或然坐标并进行精度评定。

一、导线测量的概算

导线测量的外业是在地球表面上进行的，所获得的观测值是方向观测值和边长观测值，而平差计算要在平面上进行，这一平面可能是测区某一高度的平均面，可能是基于工程坐标系或城市坐标系的平面，也可能是基于国家坐标系的高斯平面。总之，在平差前必须将地面上的观测值归算至某一特定平面，这一步工作称为概算。下面以归算至高斯平面为例说明概算过程。

（一）近似边长和近似坐标的计算

计算归心改正数（如果存在偏心观测）、近似坐标及推算三角高程，都要用到近似边长。如果控制网的边长不是直接观测值，首先应计算出控制网的近似边长。

1. 近似边长的计算

对于三角网，需从已知边（或观测边）开始，按正弦公式计算边长，如图 5-5 所示，b 为已知边，则 a、c 的计算公式如下：

$$\begin{cases} a = \dfrac{b}{\sin B}\sin A \\ c = \dfrac{b}{\sin B}\sin C \end{cases} \qquad (5-2)$$

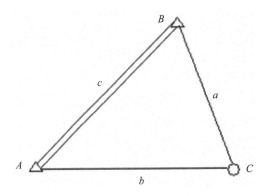

图 5-5 三角形近似边长的计算

对于测边网，则首先要有观测角度近似值，以便推算方向近似值，角度 A 的计算按余弦公式计算，公式如下：

$$A = \arccos \frac{b^2 + c^2 - a^2}{2bc} \qquad (5-3)$$

对于边角网（含导线网），由于观测元素是所有的边长和角度，所以无须进行近似边长的计算。

2. 近似坐标的计算

为了计算近似子午线收敛角（为求近似大地方位角用）及方向改化和距离改化，需计算各控制点的近似坐标。坐标的计算有以下两种公式。

（1）变形戎格公式

$$\begin{cases} x_3 = \dfrac{x_1 \mathrm{ctg}2 + x_2 \mathrm{ctg}1 - y_1 + y_2}{\mathrm{ctg}1 + \mathrm{ctg}2} \\ y_3 = \dfrac{y_1 \mathrm{ctg}2 + y_2 \mathrm{ctg}1 + x_1 - y_2}{\mathrm{ctg}1 + \mathrm{ctg}2} \end{cases} \qquad (5-4)$$

三角形编号如图 5-6 所示，1、2 为已知点，3 为待求点。

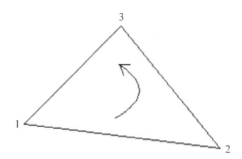

图 5-6　应用变形戎格公式的角度编号

（2）坐标增量公式

$$\begin{cases} x_2 = x_1 + \Delta x_{12} = x_1 + D'_{12}\cos T'_{12} \\ y_2 = y_1 + \Delta y_{12} = x_1 + D'_{12}\sin T'_{12} \end{cases},\qquad(5-5)$$

式中，D'_{12} 为近似平面边长；T'_{12} 为近似坐标方位角。

（二）方向观测值的归算

导线测量中的方向观测值通常需要归算至高斯平面，这要分两步进行。

1. 将地面上的方向观测值归算至椭球面

将地面上的方向观测值归算至椭球面，需要加入"三差改正"，即垂线偏差改正、标高差改正和截面差改正。对于三等及以下等级的工程测量平面控制网，由于边长较短、精度较低，一般无需加"三差改正"，即直接把地面观测方向值看作椭球面上观测方向值。

2. 将椭球面上的方向观测值归算至高斯平面

将椭球面上的方向观测值对算至高斯平面需要加入"方向改正"，方向改正的计算公式见式（5-6）：

$$\begin{cases} \delta''_{12} = \dfrac{\rho''}{2R_m^2}(x_1 - x_2)y_m \\ \delta''_{21} = \dfrac{\rho''}{2R_m^2}(x_2 - x_1)y_m \end{cases},\qquad(5-6)$$

式中，x、y 均为近似值，且 $y_m = (y_1 + y_2)/2$，R_m 为 1、2 两点中心处在参考椭球面上的平均曲率半径（m）。

（三）边长观测值的改化

边长观测值的改化主要参见任务 9.4。

二、导线测量的验算

控制网观测数据质量的好坏，直接影响控制网的精度。因此，外业观测数据必须经过严格检核，使其合乎《规范》要求，这项工作也称为验算。下面所述的依控制网几何条件检验控制网观测质量，它不仅可以检验作业本身的误差，也可以检验网内某些粗差和系统误差的影响，因而能全面地表示观测质量。

控制网的类型不同，需要检核的项目也不同。以导线网为例，需要进行如下项目的检核。

（一）计算导线方位角条件和环形条件闭合差

为了检核角度的观测质量，如导线产生方位符合条件就要计算方位角条件闭合差。其公式如下：

$$f_\beta = T_0 - T_n + [\beta_i]_1^n + n \cdot 180°。 \tag{5-7}$$

按上式计算得 f_β 值，对于三等、四等和一级导线，分别不能超过 $\pm 3\sqrt{n}''$、$\pm 5\sqrt{n}''$ 和 $\pm 10\sqrt{n}''$。

当导线构成闭合环时，环形闭合差可按下式计算：

$$w_环 = [\beta_i]_1^{n'} - (n'-2) \cdot 180°， \tag{5-8}$$

式中，n' 为闭合环内角个数。环形闭合差的限值为：

$$\Delta_环 \leqslant 2\sqrt{n'} m_\beta。 \tag{5-9}$$

（二）计算导线测角中误差

三、四等导线，应按左、右角进行测量，此时导线的测角中误差按下式计算：

$$m_\beta = \sqrt{\frac{[\Delta\Delta]}{2n}}， \tag{5-10}$$

式中，Δ 为测站圆周角闭合差（"）；n 为 Δ 的个数。

当导线网内有多个方位符合条件时，可按方位角条件闭合差计算测角中误差：

$$m_\beta = \sqrt{\frac{1}{N}\left[\frac{f_\beta f_\beta}{n}\right]}， \tag{5-11}$$

式中，f_β 为附合导线或闭合导线环的方位角闭合差（"）；n 为计算 f_β 时的测站数；N 为 f_β 的个数。

测角中误差不应超过相应等级测角中误差的标称值。

（三）测距边单位权中误差

公式为：

$$\mu = \sqrt{\frac{[Pdd]}{2n}}， \tag{5-12}$$

式中，μ 为单位权中误差；d 为各边往、返距离的较差（mm）；n 为测距边数；P 为各边距离的先验权，其值为 $\frac{1}{\sigma_D^2}$，σ_D 为测距的先验中误差，可按测距仪器的标称精度计算。

（四）任一边的实际测距中误差

公式为：

$$m_{D_i} = \mu\sqrt{\frac{1}{P_i}}， \tag{5-13}$$

式中，m_{D_i} 为第 i 边的实际测距中误差（mm）；P_i 为第 i 边距离测量的先验权。

（五）平均测距中误差

当网中的边长相差不大时，可按下式计算平均测距中误差：

$$m_D = \sqrt{\frac{[dd]}{2n}}, \qquad\qquad (5-14)$$

式中，m_D 为平均测距中误差（mm）。

三、导线测量的平差计算

一级及以上等级的导线网计算，应采用严密平差法；二、三级导线网，可根据需要采用严密或简化方法平差。当采用简化方法平差时，应以平差后坐标反算的角度和边长作为成果。

导线网平差时，先验中误差 m_β 及 m_D，应按式（5-10）、式（5-11）和式（5-14）计算，也可用数理统计等方法求得的经验公式估算先验中误差的值，并用以计算角度及边长的权。

平差计算时，对计算略图和计算机输入数据应进行仔细校对，对计算结果应进行检查。打印输出的平差成果，应列有起算数据、观测数据及必要的中间数据。

平差后的精度评定，应包含有单位权中误差、相对误差椭圆参数、边长相对中误差或点位中误差等。当采用简化平差时，平差后的精度评定，可做相应简化。

内业计算中数字取值精度的要求，应符合表 5-13 的规定。

表 5-13　内业计算中数字取值精度的要求

等　级	观测方向值及各项修正数（″）	边长观测值及各项修正数（m）	边长与坐标（m）	方位角（″）
二等	0.01	0.0001	0.001	0.01
三、四等	0.1	0.001	0.001	0.1
一级及以下	1	0.001	0.001	1

注：导线测量内业计算中数字取值精度，不受二等取值精度的限制。

目前，市面上可以用于平面控制网平差计算的软件非常丰富，上互联网上搜寻一下，可以找到很多，有业余软件，也有专业软件，有收费软件，也有免费软件。总之，总能找到一款软件适合我们使用。目前业界较常用的软件有 PA2005、NASEW2003、COSA 等。将在任务 10.1 中介绍应用 PA2005 进行导线平差的方法。

──────────── 项目小结 ────────────

本项目主要介绍导线测量外业观测、导线测量的概算、导线测量的验算、导线测量的平差计算等知识点。通过本项目的学习，学生能掌握导线测量的外业施测过程与内业处理的方法。

就目前而言，进行平面控制测量的首选方法肯定是采用卫星定位技术，而在众多的卫星定位系统中，GPS定位技术占据着绝对的统治地位。虽然如此，采用常规测绘仪器（这里指测距仪、光学经纬仪、电子经纬仪和全站仪）进行平面控制测量的传统方法仍然具有重要地位。这种传统的平面控制测量方法有时可以用来独立完成某项平面控制测量首级控制任务，有时可以用于GPS平面控制网的加密控制。用常规测绘仪器进行平面控制测量的方法主要有：导线（含单一导线和导线网）和三角形网（含三角网、边角网、测边网）。在这几种方法中，单一导线的应用最为普遍，导线网次之，而三角形网目前已基本退出历史舞台。

思考题

1. 何时采用左、右角观测导线？此时应做何检核？限差是多少？

2. 试叙述野外布测导线的全过程，各个环节都应注意什么？

3. 各等级导线对导线总长度有什么限制？

4. 导线测量的概算步骤有哪些？

5. 导线测量的平差方法需要评定的指标有哪些？

6. 试述一级导线测量的实施过程。

项目 6　GPS 平面控制测量

[项目提要]

本项目主要介绍 GPS 卫星定位控制测量的基础知识，GPS 卫星定位控制测量外业实施、内业处理等基本方法，通过技能训练，让学生能够建立适合不同生产项目的、符合规范要求的 GPS 控制网。

任务 6.1　GPS 测量技术概述

GPS 是全球定位系统，是随着现代科学技术的迅速发展而建立起来的新一代精密卫星导航定位系统 GPS 定位技术。由于 GPS 在具有定位精度高、观测时间短、观测站间无须通视、能提供全球统一的地心坐标等特点，被广泛应用于大地控制测量中。

一、GPS 系统组成

GPS 系统包括三大部分：地面控制部分、空间部分和用户部分，图 6-1 显示了 GPS 定位系统的三个组成部分及其相互关系。

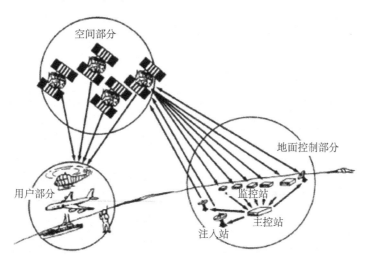

图 6-1　GPS 系统组成

（一）地面控制部分

GPS 的地面控制部分由分布在全球的由若干个跟踪站组成的监控系统所构成，如图 6-2 所示。根据其作用的不同，跟踪站分为主控站、监控站和注入站。主控站有 1 个，位于美国科罗拉多（Colorado）的法尔孔（Falcon）空军基地。它的作用是根据各监控站对 GPS 的观测数据，计算出卫星的星历和卫星时钟的改正参数等，并将这些数据通过注入站注入卫星中去；同时，它还对卫星进行控制，向卫星发布指令；当工作卫星出现故障时，调度备用卫星，替代失效的工作卫星工作；另外，主控站还具有监控站的功能。监控站有 5 个，除了主控站外，其他 4 个分别位于夏威夷（Hawaii）、阿松森群岛（Ascencion）、迭哥伽西亚（Diego Garcia）和卡瓦加兰（Kwajalein）。监控站的作用是接收卫星信号，监测卫星的工作状态。注入站有 3 个，它们分别位于阿松森群岛（Ascension）、迭哥伽西亚（Diego Garcia）和卡瓦加兰（Kwajalein）。注入站的作用是将主控站计算的卫星星历和卫星时钟的改正参数等注入卫星中去。

地面监控系统提供每颗 GPS 卫星所播发的星历，并对每颗卫星工作情况进行监测和控制。地面监控系统另一个重要作用是保持各颗卫星处于同一时间标准——GPS 时间系统（GPST）。

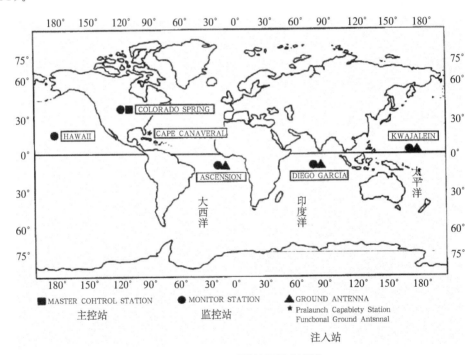

图 6-2 GPS 系统地面控制部分

（二）空间部分

GPS 工作卫星及其星座由 21 颗工作卫星和 3 颗在轨备用卫星组成，记作（21＋3）GPS 星座。24 颗卫星均匀分布在 6 个轨道平面内，轨道倾角为 55°，各个轨道平面之间夹角为 60°，即轨道的升交点赤经各相差 60°。每个轨道平面内各颗卫星之间的升交角相差 90°。每颗卫星的正常运行周期为 11 h 58 min，若考虑地球自转等因素，将提前 4 min 进入下一周期。

（三）用户部分

主要指 GPS 接收机，此外还包括气象仪器、计算机、钢尺等仪器设备组成。

GPS 接收机主要由天线单元、信号处理部分、记录装置和电源组成。

天线单元，由天线和前置放大器组成，灵敏度高，抗干扰性强。接收天线把卫星发射的十分微弱的信号通过放大器放大后进入接收机。GPS 天线分为单极天线、微带天线、锥型天线等。

信号处理部分是 GPS 接收机的核心部分，进行滤波和信号处理，由跟踪环路重建载波，解码得到导航电文，获得伪距定位结果。记录装置主要有接收机的内存硬盘或记录卡（CF卡）。电源，分为外接和内接电池（12 V），机内还有一锂电池。GPS 接收机的基本类型主要分为大地型、导航型和授时型三种。

二、GPS 系统的特点

GPS 系统的特点主要为：高精度、全天候、高效率、多功能、操作简便、应用广泛等。

（一）定位精度高

应用实践已经证明，GPS 相对定位精度在 50 km 以内可达 10^{-6}，100～500 km 可达 10^{-7}，1000 km 可达 10^{-9}。在 300～1500 m 工程精密定位中，1 小时以上观测的解其平面位置误差小于 1 mm，与 ME-5000 电磁波测距仪测定的边长比较，其边长较差最大为 0.5 mm，较差中误差为 0.3 mm。

（二）观测时间短

随着 GPS 系统的不断完善，软件的不断更新，目前，20 km 以内快速静态相对定位，仅需 15～20min；RTK 测量时，当每个流动站与参考站相距在 15 km 以内时，流动站观测时间只需 1～2min。

（三）测站间无须通视

GPS 测量不要求测站之间互相通视，只需测站上空开阔即可，因此可节省大量的造标费用。由于无须点间通视，点位位置可根据需要，可稀可密，使选点工作甚为灵活，也可省去经典大地网中的传算点、过渡点的测量工作。

（四）可提供三维坐标

经典大地测量将平面与高程分别采用不同方法施测。GPS 可同时精确测定测站点的三维坐标（平面＋大地高）。目前通过局部大地水准面精化，GPS 水准可满足四等水准测量的精度。

（五）操作简便

随着 GPS 接收机不断改进，自动化程度越来越高，有的已达"傻瓜化"的程度，接收机的体积越来越小，重量越来越轻，极大地减轻测量工作者的工作紧张程度和劳动强度。

(六) 全天候作业

目前 GPS 观测可在一天 24 小时内的任何时间进行,不受阴天黑夜、起雾刮风、下雨下雪等气候的影响。

(七) 功能多、应用广

GPS 系统不仅可用于测量、导航,精密工程的变形监测,还可用于测速、测时。测速的精度可达 0.1 m/s,测时的精度优于 0.2 ns,其应用领域在不断扩大。当初,设计 GPS 系统的主要目的是用于导航,收集情报等军事目的。但是,后来的应用开发表明,GPS 系统不仅能够达到上述目的,而且用 GPS 卫星发来的导航定位信号能够进行厘米级甚至毫米级精度的静态相对定位,米级至亚米级精度的动态定位,亚米级至厘米级精度的速度测量和毫微秒级精度的时间测量。因此,GPS 系统展现了极其广阔的应用前景。

三、GPS 的应用

(一) GPS 应用于导航

主要是为船舶、汽车、飞机等运动物体进行定位导航。例如:船舶远洋导航和进港引水;飞机航路引导和进场降落;汽车自主导航;地面车辆跟踪和城市智能交通管理;紧急救生;个人旅游及野外探险;个人通信终端(与手机、PDA、电子地图等集成一体)。

(二) GPS 应用于授时校频

每个 GPS 卫星上都装有铷原子钟做星载钟;GPS 全部卫星与地面测控站构成一个闭环的自动修正系统(图 6-3);采用协调世界时 UTC(USNO/MC)为参考基准。

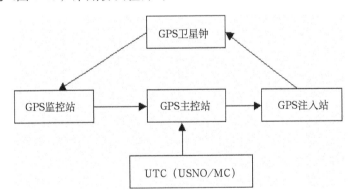

图 6-3　GPS 时间系统建立的示意图

当前精密的 GPS 时间同步技术可以实现 $10^{-11} \sim 10^{-10}$ s 的同步精度。这一精度可以用于国际上各重要时间和相关物理实验室的原子钟之间的时间传递。利用它可以在地球上不同区域相当远的距离(数千千米)的实验室上利用各种精密仪器设备对太空的天体、运动目标,如脉冲星、行星际飞行探测器等进行同步观测,以确定它们的太空位置、物理现象和状态的某些变化。

（三）GPS 应用于高精度测量

各种等级的大地测量、控制测量；道路和各种线路放样；水下地形测量；地壳形变测量、大坝和大型建筑物变形监测；GIS 数据动态更新；工程机械（轮胎吊、推土机等）控制；精细农业等。

近些年来，随着大量的建筑工程项目开工建设。对测绘工作提出了新的要求：快速、经济、准确。传统的测量方法越来越难以跟上设计技术的步伐和快速的施工速度。GPS 技术的出现正迎合了现代测绘的新要求。目前 GPS 技术已被成功应用于建筑勘测设计、施工放样及运营过程中的安全检测等各个方面。

经过 30 余年的实践证明，GPS 系统是一个高精度、全天候和全球性的无线电导航、定位和定时的多功能系统。GPS 技术已经发展成为多领域、多模式、多用途、多机型的高新技术国际性产业。目前已遍及国民经济各个部门，并开始逐步深入人们的日常生活。

四、GPS 基本定位原理

利用 GPS 进行定位的基本原理，是以 GPS 卫星和用户接收机天线之间距离（或距离差）的观测量为基础，并根据已知的卫星瞬间坐标来确定用户接收机所对应的点位，即待定点的三维坐标 (x, y, z)。GPS 定位的关键是测定用户接收机天线至 GPS 卫星之间的距离。

（一）伪距测量

伪距测量（pseudo-range measurement）是在用全球定位系统进行导航和定位时，用卫星发播的伪随机码与接收机复制码的相关技术，测定测站到卫星之间的、含有时钟误差和大气层折射延迟的距离的技术和方法。测得的距离含有时钟误差和大气层折射延迟，而非"真实距离"，故称伪距。它是为实现伪距定位，利用测定的伪距组成以接收机天线相位中心的三维坐标和卫星钟差为未知数的方程组，经最小二乘法解算以获得接收机天线相位中心三维坐标，并将其归化为测站点的三维坐标。由于方程组含有 4 个未知数，必须有 4 个以上经伪距测量而获得的伪距。此法既能用于接收机固定在地面测站上的静态定位，又可用于接收机置于运动载体上的动态定位。但后者的绝对定位精度较低，只能用于精度要求不高的导航。

（二）载波相位测量

利用 GPS 卫星发射的载波为测距信号。由于载波的波长（$\lambda_{L1} = 19.03$ cm，$\lambda_{L2} = 24.42$ cm）比测距码波长要短得多，因此对载波进行相位测量，就可能得到较高的测量定位精度。

（三）相对定位

相对定位是目前 GPS 测量中精度最高的一种定位方法，它广泛用于高精度测量工作中。由于 GPS 测量结果中不可避免地存在着种种误差，但这些误差对观测量的影响具有一定的相关性，所以利用这些观测量的不同线性组合进行相对定位，便可以有效地消除或减弱上述误差的影响，提高 GPS 定位的精度，同时消除相关的多余参数，也大大方便了 GPS 的整体平差工作。如果用平均误差量与两点间的长度相比的相对精度来衡量，GPS 相位相对定位的方法的相对定位精度一般可以达 10^{-6}，最高可接近 10^{-9}。

静态相对定位的最基本情况是用两台 GPS 接收机分别安置在基线的两端，固定不动；同步观测相同的 GPS 卫星，以确定基线端点在 WGS-84 坐标系中的相对位置或基线向量，由于在测量过程中，通过重复观测取得了充分的多余观测数据，从而改善了 GPS 定位的精度。

（四）单点定位

SPP（Single Point Positioning），其优点是只需用一台接收机即可独立确定待求点的绝对坐标，且观测方便，速度快，数据处理也较简单。主要缺点是精度较低，一般来说，只能达到米级的定位精度，目前的手持 GPS 接收机大多采用的是这种技术。

（五）精密单点定位

PPP（Precise Point Positioning），是利用载波相位观测值及由 IGS 等组织提供的高精度的卫星钟差来进行高精度单点定位的方法。目前，根据一天的观测值所求得的点位平面位置精度可达 2～3 cm，高程精度可达 3～4 cm，实时定位的精度可达分米级。但该定位方式所需顾及方面较多，如精密星历、天线相位中心偏差改正、地球固体潮改正、海潮负荷改正、引力延迟改正、天体轨道摄动改正等，所以精密单点定位目前还处于研究、发展阶段，有些问题还有待深入研究解决。由于该定位方式只需一台 GPS 接收机，作业方式简便自由，所以 PPP 已成为当前 GPS 领域一个研究热点。

任务 6.2 GPS 控制网数据采集与处理

一、GPS 外业观测的作业方式

同步图形扩展式的作业方式具有作业效率高，图形强度好的特点，是目前在 GPS 测量中普遍采用的一种布网形式，在此主要介绍该布网方式的作业方式。

采用同步图形扩展式布设 GPS 基线向量网时的观测作业方式主要以下几种：点连式、边连式、网连式和混连式。

（一）点连式

（1）观测作业方式。在观测作业时，相邻的同步图形间只通过一个公共点相连，如图 6-4 a 所示。这样，当有 m 台仪器共同作业时，每观测一个时段，就可以测得（$m-1$）个新点，当这些仪器观测了 s 个时段后，就可以测得 $[1+s\times(m-1)]$ 个点。

（2）特点。优点是作业效率高，图形扩展迅速；缺点是图形强度低，如果连接点发生问题，将影响到后面的同步图形。

（二）边连式

（1）观测作业方式。在观测作业时，相邻的同步图形间有一条边（即两个公共点）相连，如图 6-4 b 所示。这样，当有 m 台仪器共同作业时，每观测一个时段，就可以测得（$m-2$）个新点，当这些仪器观测了 s 个时段后，就可以测得 $[2+s\times(m-2)]$ 个点。

（2）特点。具有较好的图形强度和较高的作业效率。

（三）网连式

（1）观测作业方式。在作业时，相邻的同步图形间有 3 个（含 3 个）以上的公共点相连，如图 6-4 c 所示。这样，当有 m 台仪器共同作业时，每观测一个时段，就可以测得 $(m-k)$ 个新点，当这些仪器观测了 s 个时段后，就可以测得 $[k+s\times(m-k)]$ 个点。

（2）特点。所测设的 GPS 网具有很强的图形强度，但网连式观测作业方式的作业效率很低。

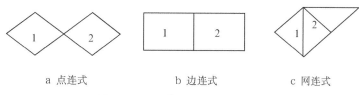

a 点连式　　　　　　b 边连式　　　　　　c 网连式

图 6-4　GPS 外业观测的作业方式

（四）混连式

（1）观测作业方式。在实际的 GPS 作业中，一般并不是单独采用上面所介绍的某一种观测作业模式，而是根据具体情况，有选择地灵活采用这几种方式的混连式作业。

（2）特点。实际作业中最常用的作业方式，它实际上是点连式、边连式和网连式的一个结合体。

二、观测作业

（一）观测作业流程

GPS 外业作业流程如下。

（1）网形规划及时段安排。GPS 网形规划与控制点之分布有关，为使整个网形的点位中误差值能够均匀，网形最好能依控制点之分布规划。时段之安排最好能避开中午（11：00～13：00）时段观测。时段安排后，填写计划时段表，明确指示测量员测站行程。

（2）摆站程序。外业负责人应明确告知摆站人员其所摆设测站点名、点号及开关机时间，若架站人员有未明了事项，也应主动向负责人请示了解。架设 GPS 应该注意的事项及操作程序：①找寻点位。该点若已去过，应该不会发生问题；若是没去过点位，而按点之记找寻者，在到达点位之后应确认该点之标石号码，检核无误后再行架设仪器。②架设仪器。仪器的定心及定平是基本功，此处不详细赘述。③记录观测手簿。手簿是数据下载及内业计算最重要的信息记录，外业所发生的错误都必须要经由手簿的记载来改正之，因此手簿数据的记载务必要求正确、详尽。记录过程中，应注意点名、点号书写是否正确，天线高、天线盘及接收仪的型号、序号记录是否正确，开关机时间务必记录等。

（3）资料下载。GPS 外业收集之数据需经由传输线之连接下载，或经由记忆磁卡（PCMCIA 卡）传输至计算机中，再经由仪器商所提供之计算软件计算基线，最后再组成网形计算坐标。因此，数据下载也是一门重要的课题，外业上所发生的一些错误就必须在这个阶段完成侦错及改正。下载软件及硬件的连接这里不予讨论。

（4）资料检核。测量首重就是数据的正确性，因此在最后外业交付内业的最后阶段，必须再次确认各项数据是否有误，检核后将下列各档案移交内业人员：①当日计划时段表：交付网形、时段规划者。②测站手簿、实际观测时段表、下载磁性数据（raw data 及 RINEX data），交付内业计算人员。

(二) 观测作业的注意事项

目前接收机的自动化程度较高，操作人员只需做好以下工作即可：

（1）各测站的观测员应按计划规定的时间作业，确保同步观测。

（2）确保接收机存储器（目前常用 CF 卡）有足够存储空间。

（3）开始观测后，正确输入高度角，天线高及天线高量取方式。

（4）观测过程中应注意查看测站信息、接收到的卫星数量、卫星号、各通道信噪比、相位测量残差、实时定位的结果及其变化和存储介质记录等情况。一般来讲，主要注意 DOP 值的变化，如 DOP 值偏高（GDOP 一般不应高于 6），应及时与其他测站观测员取得联系，适当延长观测时间。

（5）同一观测时段中，接收机不得关闭或重启；将每测段信息如实记录在 GPS 测量手簿上。

（6）进行长距离高等级 GPS 测量时，要将气象元素、空气湿度等如实记录，每隔一小时或两小时记录一次。

附：GPS 外业观测记录手簿，如表 6-1～表 6-3 所示。

表 6-1　AA、A 与 B 级测量记录手簿

点号		点名		图幅编号	
观测记录员		日期段号		观测日期	
接收机名称及编号		天线类型及编号		存储介质编号 数据文件名	
温度计类型及编号		气压计类型及编号		备份存储介质编号	
近似纬度	° ′ ″N	近似经度	° ′ ″E	近似高程	m
采样间隔	s	开始记录时间	h min	结束记录时间	h min
天线高测定		天线高测定方法及略图		点位略图	
测前：　　　测后： 测定值＿＿＿ ＿＿＿ m 修正值＿＿＿ ＿＿＿ m 天线高＿＿＿ ＿＿＿ m 平均值＿＿＿ ＿＿＿ m					
记事					

续表

气象元素及天气情况

时间（UTC）	气压（mbar）	干温（℃）	湿度（℃）	天气情况

注：气象元素各栏内应记录气象仪器读数和相对应的修正值。

表 6-2 测站跟踪作业记录手簿

时间（UTC）	跟踪卫星号（PRN）及信噪比	纬度 (° ′ ″)	经度 (° ′ ″)	大地高 (m)	PDOP

表 6-3 C、D、E 级测量记录手簿

点号		点名		图幅编号	
观测记录员		日期段号		观测日期	
接收机名称及编号		天线类型及编号		存储介质编号 数据文件名	
温度计类型及编号		气压计类型及编号		备份存储介质编号	
近似纬度	° ′ ″N	近似经度	° ′ ″E	近似高程	m
采样间隔	s	开始记录时间	h min	结束记录时间	h min
天线高测定		天线高测定方法及略图		点位略图	
测前： 测后： 测定值_____ m 修正值_____ m 天线高_____ m 平均值_____ m					

时间（UTC）	跟踪卫星号（PRN）及信噪比	纬度 (° ′ ″)	经度 (° ′ ″)	大地高 (m)	PDOP

记事	

三、GPS 测量数据处理与成果检核

GPS 测量外业结束后，必须对采集的数据进行处理，以求得观测基线和观测点位的成果，同时进行质量检核，以获得可靠的最终定位成果。数据处理是用专用软件进行的，不同的接收机及不同的作业模式配置各自的数据处理软件。GPS 测量数据处理主要包括基线解算和 GPS 网平差。通过基线解算，将外业采集的数据文件进行整理分析检验，剔除粗差，检测和修复整周跳变，修复整周模糊度参数，对观测值进行各种模型改正，解算出合格的基线向量解（一般选择合格的双差固定解）。在此基础上，进行 GPS 网平差，或与地面网联合平差，同时将结果转换为地面网的坐标。

GPS 技术施测的成果，由于种种原因，会存在一些误差，使用时应对成果进行检测。检测的方法很多，可以视实际情况选择合适的方法。GPS 测量成果质量检核的内容包括：外业数据质量检核、GPS 网平差结果质量检核。

───────── 项目小结 ─────────

本项目主要介绍 GPS 卫星定位控制测量的基础知识，GPS 卫星定位控制测量外业实施、内业处理等基本方法。本项目只是简要介绍 GPS 相关基础知识，具体内容在 GNSS 定位技术课程中详细介绍。

───────── 思考题 ─────────

1. GPS 系统由哪几部分组成？GPS 系统定位的实质是什么？
2. 简述 GPS 外业观测的作业方式。
3. 简述 GPS 外业施测的基本流程及基本内容。

高程控制测量

项目 7　精密水准测量

　[项目提要]

　　本项目主要介绍常规精密高程控制测量（即精密水准测量）作业的基本原理、方法、内容及工作过程，包括精密水准测量基本仪器的使用，外业观测的误差来源、影响规律及减弱（或消除）方法，精密水准测量技术设计、外业实施、内业计算的基本方法、原理和作业过程。

任务 7.1　高程基准建立与水准网布设

　　建立高程控制网的常用方法有水准测量、三角高程测量和 GPS 高程测量，而水准测量是最为常用、精度最高的高程控制测量方法，我国统一的国家高程控制网就是采用水准测量的方法；高程控制的目的是获得待测点的高程，而为了描述点的高程，首先必须建立一个统一的高程基准面，所有的高程都以这个面为零起算，也就是以高程基准面作为零高程面。

一、高程基准面

　　大地水准面是假想海洋处于完全静止的平衡状态时的海水面延伸到大陆地面以下所形成的闭合曲面，这个曲面是高程起算的基准面，高程的定义为：地面点铅垂线到大地水准面的距离。事实上，海洋受潮汐、风力的影响，永远不会处于完全静止的平衡状态，总是存在着不断的升降运动，所以大地水准面不能直接用于高程测量的基准面，但是可以在海洋近岸的一点处竖立水位标尺，成年累月地观测海水面的水位升降，根据长期观测的结果可以求出该点处海洋水面的平均位置，人们假定大地水准面就是通过这点处实测的平均海水面。长期观测海水面水位升降的工作称为验潮，进行这项工作的场所称为验潮站。根据各地的验潮结果表明，不同地点平均海水面之间还存在着差异，因此，对于一个国家来说，只能根据一个验潮站所求得的平均海水面作为全国高程的统一起算面——高程基准面。如图 7-1 所示。

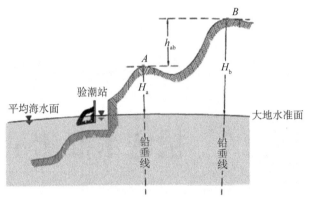

图 7-1　验潮与高程

新中国成立后的 1956 年，我国根据基本验潮站应具备的条件，认为青岛验潮站位置适中，地处我国海岸线的中部，而且青岛验潮站所在港口具有代表性的规律性半日潮港，又具有避开了江河入海口、外海海面开阔、无密集岛屿和浅滩、海底平坦、水深在 10 m 以上等有利条件，因此，在 1957 年确定青岛验潮站为我国基本验潮站，验潮井建在地质结构稳定的花岗石基岩上，以该站 1950 年至 1956 年 7 年间的潮汐资料推求的平均海水面作为我国的高程基准面。以此高程基准面作为我国统一起算面的高程系统名谓"1956 年黄海高程系统"。"1956 年黄海高程系统"的高程基准面的确立，对统一全国高程有其重要的历史意义，对国防和经济建设、科学研究等方面都起了重要的作用。但从潮汐变化周期来看，确立"1956 年黄海高程系统"的平均海水面所采用的验潮资料时间较短，还不到潮汐变化的一个周期（一个周期一般为 18.61 年），同时又发现验潮资料中含有粗差，因此有必要重新确定新的国家高程基准面。新的国家高程基准面是根据青岛验潮站 1952—1979 年的验潮资料计算确定，这个高程基准面作为全国高程的统一起算面，称为"1985 国家高程基准"。1987 年 5 月，经国务院批准，国家测绘局发布，从 1988 年 1 月 1 日启用"1985 国家高程基准"。今后凡涉及高程基准时，一律由原来的 1956 年黄海高程系改用 1985 国家高程基准。由于新布测的国家一等水准网点是以 1985 国家高程基准起算，因此，今后凡进行各等级水准测量、三角高程测量及各种工程测量，尽可能与新布测的国家一等水准网点联测，也即使用国家一等水准测量成果作为传算高程的起算值。如果不便于联测时，可在 1956 年黄海高程系高程值上改正一固定数值，而得到以 1985

国家高程基准为基准的高程值。我国的水准原点高程，相对于 1956 年黄海高程系是 72.2893 m，相对于 1985 年高程基准是 72.2604 m，国家水准原点高程示意图如图 7-2 所示。

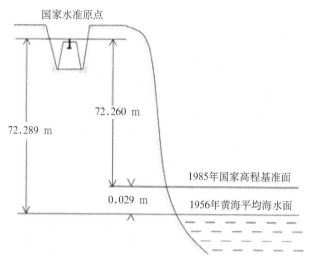

图 7-2　国家水准原点高程示意图

我国在新中国成立前曾在不同时期建立过吴淞口、达门、青岛和大连等地验潮站，得到不同的高程基准面系统。由于高程基准面的不统一，使高程比较混乱，因此在使用过去旧有的高程资料时，应弄清楚当时采用的是以什么地点的平均海水面作为高程基准面。

二、水准原点

高程基准面的具体实现用精密水准测量联测到陆地上预先设置好的一个固定点，定出这个点的高程作为全国水准测量的起算高程，这个固定点称为水准原点。水准原点高程的测定方法是：用精密水准测量方法将它与验潮站的水准标尺进行联测，以高程基准面为零推求水准原点的高程，以此高程作为全国各地推算高程的依据。在"1985 国家高程基准"系统中，我国水准原点的高程为 72.2604 m。

水准原点用坚固稳定的标石加以标志，此标石用混凝土牢固地浇注在坚固的岩石中，我国的水准原点位于青岛观象山，它由 1 个原点 5 个附点构成水准原点网，水准原点网由主点、参考点和附点共 6 个点组成，其中主点的形状和规格如图 7-3 所示。在" 1985 国家高程基准"中水准原点的高程为 72.2604 m。这是国家根据 1952—1979 年的青岛验潮观测值，组合了 10 个 19 年的验潮观测值，求得黄海海水的平均高度，为零点的起算高程，是国家高程控制的起算点。

1985国家高程基准
水准原点高程72.2604 m

图 7-3　我国水准原点的形状和规格

三、高程系统

不同的高程基准面对应着不同的高程系统。高程系统主要有正高系统、正常高系统和大地高系统。

高程系统基准面（图 7-4）主要有：

大地水准面：与平均海水面重合并伸展到大陆内部形成的水准面，它是一个形状不规则的物理曲面。

似大地水准面：由地面沿垂线向下量取正常高所得的点形成的连续曲面，它不是水准面，只是用以计算的辅助面。

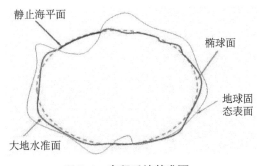

静止海平面

椭球面

地球固态表面

大地水准面

图 7-4　高程系统基准面

参考椭球面：形状、大小一定且已经与大地体做了最佳拟合的地球椭球面。

1. 正高系统

以大地水准面为基准面，地面点的正高是沿该点的垂线至大地水准面的距离。

2. 正常高系统

以似大地水准面为基准面，地面点的正常高是沿该点垂线至似大地水准面的距离。我国采用正常高系统作为计算高程的统一系统。

3. 大地高系统

以参考椭球面为基准面，地面点的大地高是该点沿参考椭球面法线至参考椭球面的距离。

大地高与正高之差为大地水准面差距，大地高与正常高之差为高程异常。如图7-5所示。

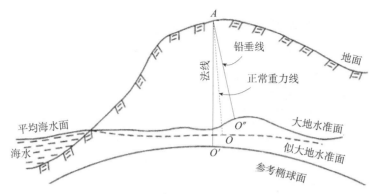

图7-5　大地高、正高和正常高的关系

四、高程控制测量的流程

高程控制测量工作实施的工作流程基本为：接受任务→收集资料并对其进行分析→编写技术设计→图上设计水准路线并构成一定的网形→水准点的实地选定→水准标石的埋设→绘制点之记→仪器检验→水准测量外业观测→概算→平差计算→编制成果表→自检→撰写技术总结→成果验收等。

在以上若干环节中，根据实际情况，有时可能会省略某个环节，也有可能会出现工作顺序上倒置。

城市和工程建设高程控制网一般按水准测量方法来建立。为了统一水准测量规格，考虑到城市和工程建设的特点，城市测量和工程测量技术规范规定：水准测量依次分为二、三、四等3个等级。首级高程控制网，一般要求布设成闭合环形，加密时可布设成附合路线和结点图形。各等级水准测量的精度和国家水准测量相应等级的精度一致。城市和工程建设水准测量是各种大比例尺测图、城市工程测量和城市地面沉降观测的高程控制基础，又是工程建设施工放样和监测工程建筑物垂直形变的依据。

（一）水准路线的图上设计

水准网的布设应力求做到经济合理，因此，设计水准路线时首先要对测区情况进行调查研究，搜集和分析测区已有的水准测量资料，拟定出比较合理的布设方案。如果测区的面积较大，则应先在1∶10 000～1∶100 000比例尺的地形图上进行图上设计。

根据上述要求，首先应在图上初步拟定水准网的布设方案，再到实地选定水准路线和水准点位置。在实地选线和选点时，除了要考虑上述要求外，还应注意使水准路线避开土质松软地段，确定水准点位置时，应考虑到水准标石埋设后点位的稳固安全，并能长期保存，便于施测。

图上设计水准路线应遵循以下各点要求：

（1）水准路线应尽量沿坡度小的道路布设，以减弱前后视折光误差的影响。尽量避免跨越河流、湖泊、沼泽等障碍物。

（2）水准路线若与高压输电线或地下电缆平行，则应使水准路线在输电线或电缆 50 m 以外布设，以避免电磁场对水准测量的影响。

（3）布设首级高程控制网时，应考虑到便于进一步加密。

（4）水准网应尽可能布设成环形网或结点网，个别情况下亦可布设成附合路线。水准点间的距离：一般地区为 2～4 km；城市建筑区和工业区为 1～2 km。

（5）应与国家水准点进行联测，以求得高程系统的统一。

（6）注意测区已有水准测量成果的利用。

设计好了水准路线，事实上就已经确定了高程控制网的网形结构。常用的高程控制网有如下几种形式，使用上可根据需要选取。

①支水准路线；

②闭合、附合水准路线；

③节点水准网；

④环形水准网。

就目前而言，在上述几种形式中，较常用的为闭合水准路线和附合水准路线，节点网和环形网也偶尔用到，而支水准路线一般尽量少用或不用。

（二）踏勘、选点埋石、绘制点之记

对于一项高程控制测量工程的技术设计，必须要建立在实地踏勘的基础之上。踏勘要解决的问题之一是根据图上初步拟定水准网的布设方案，到实地选定水准路线和水准点的位置。在实地选线和选点时，除了要考虑水准标石埋设后点位的稳固安全，并能长期保存，便于施测。为此，水准点应设置在地质上最为可靠的地点，避免设置在水滩、沼泽、沙土、滑坡和地下水位高的地方；埋设在铁路、公路近旁时，一般要求离铁路的距离应大于 50 m，离公路的距离应大于 20 m，应尽量避免埋设在交通繁忙的道路交叉口；墙上水准点应选在永久性的大型建筑物上。

水准点选定后，就可以进行水准标石的埋设工作。我们知道，水准点的高程就是指嵌设在水准标石上面的水准标志顶面相对于高程基准面的高度，如果水准标石埋设质量不好，容易产生垂直位移或倾斜，那么即使水准测量观测质量再好，其最后结果也是不可靠的，因此，务必十分重视水准标石的埋设质量。

国家水准点标石的制作材料、规格和埋设要求，在《国家一、二等水准测量规范》（以下简称水准规范）中都有具体的规定和说明。关于工程测量中常用的普通水准标石是由柱石和盘石两部分组成，如图 7-6 所示，标石可用混凝土浇制或用天然岩石制成。水准标石上面嵌设有铜材或不锈钢金属标志，如图 7-7 所示。

水准标石埋设完成后，要现场绘制高程控制点点之记。点之记的具体样式如表 7-1 所示，点之记的内容包括点名、等级、所在地、点位略图、实埋标石断面图及委托保管等信息。

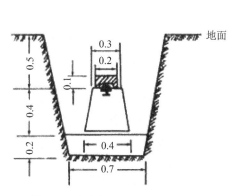

图 7-6　水准标石规格（单位：m）

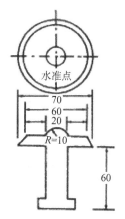

图 7-7　水准点规格（单位：mm）

表 7-1　水准点点之记

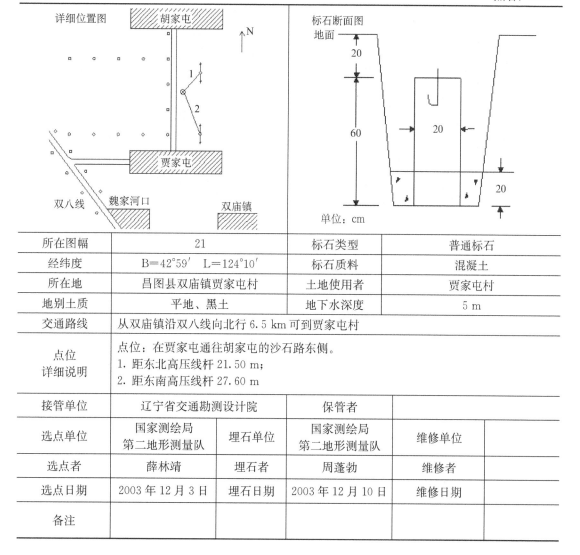

所在图幅	21		标石类型	普通标石	
经纬度	B＝42°59′　L＝124°10′		标石质料	混凝土	
所在地	昌图县双庙镇贾家屯村		土地使用者	贾家屯村	
地别土质	平地、黑土		地下水深度	5 m	
交通路线	从双庙镇沿双八线向北行 6.5 km 可到贾家屯村				
点位详细说明	点位：在贾家屯通往胡家屯的沙石路东侧。 1. 距东北高压线杆 21.50 m； 2. 距东南高压线杆 27.60 m				
接管单位	辽宁省交通勘测设计院		保管者		
选点单位	国家测绘局 第二地形测量队	埋石单位	国家测绘局 第二地形测量队	维修单位	
选点者	薛林靖	埋石者	周蓬勃	维修者	
选点日期	2003 年 12 月 3 日	埋石日期	2003 年 12 月 10 日	维修日期	
备注					

（三）作业方案与技术要求

作业方案的制订要结合任务概况和测区具体情况，在对已有测绘资料做出认真分析后进行。作业方案大致包括：采用的高程基准及高程控制网等级，水准路线长度及其构网图形，高程点或标志的类型与埋设要求；拟定观测与连测方案，观测方法及技术要求等。这里提到的技术要求，应来自相关的测量规范，应起到指导外业施工与内业计算全过程的作用。在编写技术设计书时，根据需方要求，并结合《测绘技术设计编写规定》（CH/T 1004—2005）的相关规定，要列出需上交的资料清单。上交的资料清单大致如下：

（1）工程技术设计书；

（2）工程技术总结报告；

（3）质量检查及质量评定报告；

（4）仪器检定资料；

（5）水准测量观测手簿；

（6）水准测量计算资料（含国家水准点起算数据）；

（7）水准点点之记；

（8）全部数据光盘；

（9）水准路线图；

（10）高程控制点成果表。

任务 7.2　精密水准仪、水准尺结构与操作

一、精密水准仪的结构特点

水准仪的基本技术参数如表 7-2 所示，精密水准仪的技术参数要求相对于普通水准仪要求较严格，而且其结构必须使视准轴与水准轴之间的联系相对稳定，并受外界因素的影响较小，一般精密水准仪的主要构件均用特殊的合金钢制成，并在仪器上套有起隔热作用的防护罩。保证视线的精确水平及能在水准标尺上精确读数，是提高水准测量精度的重要条件，因而精密水准仪在结构上应满足下列要求。

表 7-2　我国水准仪系列及基本技术参数

技术参数项目	水准仪系列型号		
	S05	S1	S3
每千米往返平均高差中误差	≤0.5 mm	≤1 mm	≤3 mm
望远镜放大率	≥40 倍	≥40 倍	≥30 倍
望远镜有效孔径	≥60 mm	≥50 mm	≥42 mm
管状水准器格值	10″/2 mm	10″/2 mm	20″/ mm

续表

技术参数项目		水准仪系列型号		
		S05	S1	S3
测微器有效量测范围		5 mm	5 mm	
测微器最小分格值		0.1 mm	0.1 mm	
自动安平水准仪补偿性能	补偿范围	$\pm 8'$	$\pm 8'$	$\pm 8'$
	安平精度	$\pm 0.1''$	$\pm 0.2''$	$\pm 0.5''$
	安平时间不长于	2 s	2 s	2 s

（一）高灵敏度的管水准器

水准器有较高的灵敏度，借以建立精确的水平视线。但水准器灵敏度愈高，作业时要使水准器气泡迅速居中也就愈困难，一般精密水准仪的水准器格值为 $10''/2$ mm。

为了使水准器气泡比较容易地精确居中，精密水准仪上必须有微倾螺旋。图 7-8 所示是威特 N3 精密水准仪的微倾螺旋及其作用的示意图，它是一种杠杆结构，旋动微倾螺旋时，通过着力点 D 可以带动支臂绕支点 A 转动，使其对望远镜绕转轴 C 做微量倾斜。由于望远镜与水准器是紧密相连的，于是微倾螺旋的旋转就可以使水准轴和视准轴同时产生微量的倾斜变化，借以迅速而精确地将视准轴整平。

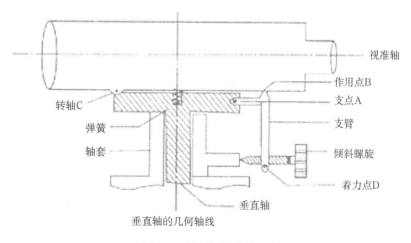

图 7-8　微倾螺旋结构示意图

必须指出，威特 N3 精密水准仪望远镜的纵向转轴 C 并不位于望远镜的中央，而是位于靠近物镜的一端。由圆水准器概略整平仪器时，仪器的垂直轴并不能精确在垂直位置，可能偏离垂直位置较大，此时使用微倾螺旋精确整平视准轴时，将会引起视准轴高度的变化，微倾螺旋转动量愈大，视准轴高度的变化也愈大。如果水准测量前后视精确整平视准轴时，微倾螺旋的转动量不等，就会在高差中带来误差影响，因此，在实际作业中规定，只有在符合水准气泡两端影像的分离量小于 1 cm 时，这时仪器的垂直轴基本上在垂直位置，才允许使用微倾螺旋来进行精确整平视准轴进行读数。

有些仪器望远镜的转轴 C 位于过望远镜中央的垂直几何轴线上，因此，在使用微倾螺旋时不会产生上述现象。

（二）高精度的测微装置

精密水准仪必须有光学测微器装置，用来精确地在水准标尺上读数，以提高测量精度。一般的精密光学水准仪的光学测微器可以直接读到 0.1 mm（或 0.05 mm），估读到 0.01 mm（或 0.005 mm）。

下面以威特 N3 型精密水准仪为例来说明光学测微器的测微工作原理。图 7-9 是威特 N3 型精密水准仪的光学测微器工作原理示意图。由图可见，光学测微器由平行玻璃板、测微器分划尺、传动杆和测微螺旋等部件组成，平行玻璃板通过传动杆与测微分划尺相连，测微分划尺上有 100 分格，它与 10 mm 相对应，即每分格为 0.1 mm，可估读到 0.01 mm，每 10 格有一较长的分划线，并注记数字，每两长分划线间的格值为 1 mm。当平行玻璃板与水平视线正交时，测微分划尺上的读数为 5 mm，也就是测微分划尺上的初始读数为 5mm。当转动测微螺旋时，传动杆就带动平行玻璃板相对于物镜做前后俯仰，并同时带动测微分划尺做相应移动。当平行玻璃板相对于物镜做前后俯仰时，视线产生折射，水平视线就会升高或降低。若逆转测微螺旋，使平行玻璃板前俯到测微分划尺移至 10 mm 处，则水平视线向下平移 5 mm。反之，顺转测微螺旋，使平行玻璃板后仰到测微分划尺移至 0 mm 处，则水平视线向上平移 5 mm。

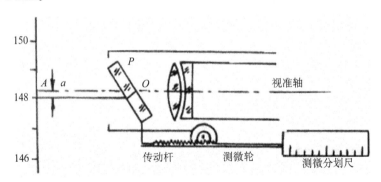

图 7-9　光学测微器的结构与读数

当平行玻璃板与水平视线正交时，水准标尺上读数为 a，a 在两相邻分划线 148 与 149 之间，此时测微分划尺上的读数为 5 mm，而不是 0。转动测微螺旋，平行玻璃板做前俯，使水平视线向下平移与就近的 148 分划线重合，这时测分划尺上的读数为 6.50 mm，此时的实际读数为 148.650 cm。然而此时水平视线的正确平移量为（6.50 mm－5 mm），正确读数 a 应为：

$$a = 148 \text{ cm} + 6.50 \text{ mm} - 5 \text{ mm},$$

即 $a = 148.650 \text{ cm} - 5 \text{ mm}$。

由上述可知，每次读数中均应减去测分划尺上的初始读数 5 mm，但因在水准测量通过前后视计算高差时能自动抵消这个初始读数，所以在水准测量作业时，读数、记录、计算过程中完全可以不考虑这个初始读数。

（三）高分辨率的望远镜光学系统

为了使水准标尺构象有足够的亮度，物镜的有效孔径应不小于 50 mm。为了提高照准度，望远镜应有足够的放大倍率，一般应在 40 倍以上，望远镜十字丝的中丝设计成楔形，有利于精确照准标尺上的分划。

（四）高性能的补偿器装置

对于自动安平水准仪，其补偿元件的质量和补偿装置的精密度，都可以影响补偿器性能的可靠性。如果补偿器不能给出正确的补偿量，补偿不足，或是补偿过量，都会影响精密水准测量观测成果的精度。

二、常用精密水准仪介绍

精密水准仪的型号很多，我国目前使用较多的通常有瑞士生产的威特 N3、德国生产的蔡司 Ni004 和我国北京测绘仪器厂生产的S1 型精密水准仪等。

（一）威特 N3 精密水准仪

威特 N3 精密水准仪的外形如图 7-10 所示。望远镜物镜的有效孔径为 50 mm，放大倍率为 40 倍，管状水准器格值为 $10''/2$ mm。微倾螺旋上的分划盘，其转动范围为七周。转动测微螺旋可使水平视线在 10 mm 范围内上下移动，测微器分划尺上有 100 格，所以测微器分划尺最小格值为 0.1 mm。在望远镜目镜的左边上下有两个小目镜，它们是符合气泡观察目镜和测微器读数目镜，在三个不同的目镜中所见到的影像如图 7-11 所示。

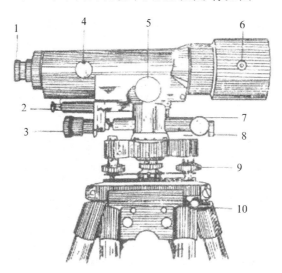

1—望远镜目镜；2—水准气泡反光镜；3—倾斜螺旋；4—调焦螺旋；5—平行玻璃板测微螺旋；6—平移玻璃板旋转轴；
7—水平微动螺旋；8—水平制动螺旋；9—角螺旋；10—脚架。

图 7-10　威特 N3 精密水准仪

转动微倾螺旋，使符合气泡观察目镜中的水准气泡两端符合，则视线精确水平，此时可转动测微螺旋使望远镜目镜中看到的楔形丝夹准水准标尺上的某一整数刻划，如图 7-11 中

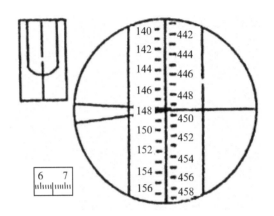

图 7-11 N3 精密水准仪望远视场和读数视场

的 148 分划线，再在测微器目镜中读出测微器读数 653 （即 6.53 mm），故水平视线在水准标尺上的全部读数为 148.653 cm。

在平行玻璃板前端，装有一个带楔形的保护玻璃，实质上是一个光楔罩，它一方面可以防止尘土侵入镜内，另一方面光楔的转动可使视线倾角 i 做微小变化，以便精确地校正视准轴和水准轴的平行性。

（二）北京测绘仪器厂生产的 S1 型精密水准仪

北京测绘仪器厂生产的 S1 型精密水准仪，其外形如图 7-12 所示。仪器物镜的有效孔径为 50 mm，望远镜放大倍率为 40 倍，管状水准器格值为 $10''/2$ mm。转动测微螺旋可使水平视线在 5 mm 范围内平移，测微器分划尺上有 100 格，所以测微鼓最小格值为 0.05 mm。从望远镜目镜视场中看到的影像如图 7-13 所示，视场左边是水准器的符合气泡影像，测微器读数显微镜在望远镜目镜的右下方。

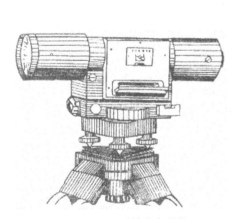

图 7-12 S1 型精密水准仪

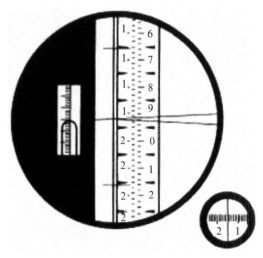

图 7-13 S1 型精密水准仪望远镜视场

（三）数字水准仪简介

数字水准仪又称电子水准仪，具有与自动安平水准仪相同的光学机械结构，采用了典型的交叉吊带光学机械补偿器，它融光机电技术、图像处理技术、计算机技术于一体，以条码间隔影像信息与参考信号进行数字图像处理的原理，自动采集数据、信息处理和获取自动记录观测值，从而实现了水准测量的自动化。

数字水准仪在望远镜中安置了一个由光敏二极管构成的线阵探测器，仪器采用数字图像识别处理系统，并配用条码水准标尺。水准尺的分划用条纹编码代替厘米间隔的米制长度分划。线阵探测器将水准尺上的条码图像用电信号传送给信息处理机。信息经处理后即可求得水平视线的水准尺读数和视距值。因此，数字水准仪将原有的用人眼观测读数彻底改变为由光电设备自动探测水平视准轴的水准尺读数，从而实现水准观测自动化。到目前为止，数字水准仪已经达到了一、二等水准测量的要求。因此，如果使用传统水准标尺，电子水准仪又可以像普通自动安平水准仪一样使用。不过这时的测量精度低于电子测量的精度。

1. 数字水准仪的一般结构

数字水准仪的望远镜光学部分和机械结构与光学自动安平水准仪基本相同。图 7-14 为望远镜光学和主要部件的结构略图。图中的部件较自动安平水准仪多了调焦发送器、补偿器监视、分光镜和线阵探测器 4 个部件：调焦发送器的作用是测定调焦透镜的位置，由此计算仪器至水准尺的概略视距值；补偿器监视的作用是监视补偿器在测量时的功能是否正常；分光镜则是将经由物镜进入望远镜的光分离成红外光和可见光两个部分，红外光传送给线阵探测器做标尺图像探测的光源，可见光源穿过十字丝分划板经目镜供观测员观测水准尺；基于CCD 摄像原理的线阵探测器是仪器的核心部件之一，由 256 个光敏二极管组成。每个光敏二极管构成图像的一个像素。

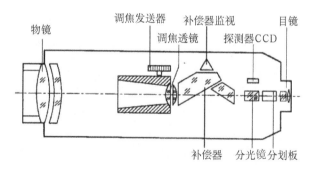

图 7-14　数字水准仪结构图

2. 徕卡数字水准仪与水准标尺

DNA03 是 Leica 第二代数字水准仪（图 7-15）。1990 年徕卡测量系统（Leica Geosystems）的前身——瑞士威特厂在世界上率先研制出数字水准仪 NA2000。2002 年 5 月徕卡公司又推出了新型的 DNA03 数字水准仪，该仪器外形美观，大屏幕中文显示，测量数据可存入内存和 PC 卡中，并具有符合中国国家水准测量规范的丰富的机载软件。与数字水准仪配套使用的是条形码水准标尺（图 7-16）。通过数字水准仪的探测器来识别水准尺上的条形码，再经过数字影像处理，给出水准尺上的读数，取代了在水准尺上的目视读数。

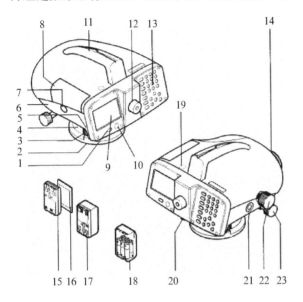

图 7-16 徕卡条形码水准标尺

1—开关；2—底盘；3—脚螺旋；4—水平度盘；5—电池盖操作杆；6—电池仓；7—开 PC 卡仓盖按钮；8—PC 卡仓盖；9—显示屏；10—圆水准器；11—带有粗瞄器的提把；12—目镜；13—键盘；14—物镜；15—GEB111 电池（选件）；16—PCMCIA 卡（选件）；17—GEB121 电池（选件）；18—电池适配器 GAD39；6 节干电池（选件）；19—圆水准器进光管；20—外部供电的 RS232 接口；21—测量按钮；22—调焦螺旋；23—无限位水平微动螺旋。

图 7-15 徕卡数字水准仪

徕卡数字水准仪的主要功能就是"线路测量"，在此菜单下有三项"设置作业"、"设置线路"、"设置限差"，说明如下：

（1）在"设置作业"里可以命名作业名称（Job）、输入观测者姓名（Oper）等。

（2）在"设置线路"里输入线路名称（Name）、观测方法（Method）。观测方法有 BF、BFFB、aBF、aBFFB 四种方法可供选择，各种测量方法的意义是：BF BF（后—前）；BF（后—前）；aBF BF（后—前）；FB（前—后）；BFFB BFFB（后—前—前—后）；BFFB（后—前—前—后）；aBFFB BFFB（后—前—前—后）；FBBF（前—后—后—前）。

（3）在"限差设置"里可以设置前后视距差（DistBal）、视线长度（MaxDist）、视线高度（StafLow）、测站高差之差（StaDif）、同一标尺两次读数之差（B-B/F-F），设置的限差是否要遵守，取决于应用需要，仪器设置了可以检查限差也可以不检查限差的功能［用定位键选择检查（on）或不检查（off）限差］。如果要检查限差，只要测量成果超限，就立即报警并显示一条信息说明哪项限差超限，而且允许立即重新测量。

以上参数都设置完后，就可按设置好的观测顺序进行观测，主要数字水准仪的观测信息同普通光学水准仪不同，屏幕上显示的信息是每一站的高程和视距，而不显示前、后视的读数。

3. 数字水准仪的优点

数字水准仪由于省去了报数、听记、现场计算的时间及人为出错的重测数量，测量时间与传统仪器相比可以节省1/3左右，与微倾水准仪相比具有以下特点：

（1）读数客观，不存在误差、误记问题，没有人为读数误差。数据自动输出，自动存储。

（2）视线高和视距读数都是采用大量条码分划图像经处理后取平均得出来的，因此削弱了标尺分划误差的影响。多数仪器都有进行多次读数取平均的功能，可以削弱外界条件影响。不熟练的作业人员也能进行高精度测量。

（3）只需调焦和按键就可以自动读数，减轻了劳动强度。视距还能自动记录、检核、处理并能输入电子计算机进行后处理，可实现内外业一体化。可以建立简便测量或多功能测量模式，如取平均值，取中间值等。

（4）能自动进行地球曲率改正，可以自动做 i 角改正，且可以在标尺稍低于零的位置测量。

4. 数字水准仪的缺点

数字水准仪也存在一些不如光学水准仪的明显不足，主要表现为：

（1）数字水准仪对标尺进行读数不如光学水准仪灵活。数字水准仪只能对其配套标尺进行照准读数，而在有些部门的应用中，使用自制的标尺，甚至是普通的钢板尺，只要有分划线，光学水准仪就能读数，而数字水准仪则无法工作。同时，数字水准仪要求有一定的视场范围，但有些情况下，只能通过一个较窄的狭缝进行照准读数，这时就只能使用光学水准仪。

（2）数字水准仪受外界条件影响较大。由于数字水准仪是由 CCD 探测器来分辨标尺条码的图像，进而进行电子读数，而 CCD 只能在有限的亮度范围内将图像转换为用于测量的有效电信号。因此，水准标尺的亮度是很重要的，要求标尺亮度均匀，并且亮度适中。

三、精密水准尺结构特点

精密水准标尺的分格值有 10 mm 和 5 mm 两种。分格值为 10 mm 的精密水准标尺如图 7-17 a 所示，它有两排分划，右边一排分划注记从 0 到 300 cm，称为基本分划，左边一排分划注记从 300 cm 到 600 cm，称为辅助分划。同一高度的基本分划与辅助分划读数相差一个常数，称为基辅差，通常又称尺常数，水准测量作业时可以用来检查读数的正确性。分格值为 5 mm 的精密水准标尺如图 7-17 b 所示，它也有两排分划，但两排分划彼此错开 5 mm，左边是单数分划，右边是双数分划，而没有辅助分划。木质尺面左边注记的是分米数，右边注记的是米数，整个注记从 0.1 m 到 5.9 m，实际分格值为 5 mm，分划注记比实际数值大了一倍，所以用这种水准标尺所测得的高差必须除以 2 才是实际的高差值。

水准标尺是测定高差的长度标准，如果水准标尺的长度有误差，则会对精密水准测量的观测成果带来系统性质的误差影响，为此，对精密水准标尺提出如下要求。

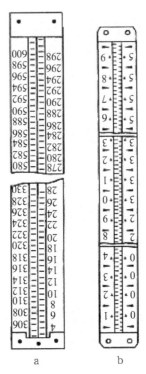

图 7-17　精密水准标尺

（1）当空气的温度和湿度发生变化时，水准标尺分划间的长度必须保持稳定，或仅有微小的变化。一般精密水准尺的分划是漆在因瓦合金带上，因瓦合金带则以一定的拉力引张在木质尺身的沟槽中，这样因瓦合金带的长度不会受木质尺身伸缩变形影响。

（2）水准标尺的分划必须十分正确与精密，分划的偶然误差和系统误差都应很小。水准标尺分划的偶然误差和系统误差的大小主要决定于分划刻度工艺的水平，当前精密水准标尺分划的偶然中误差一般在 $8 \sim 11\ \mu m$。由于精密水准标尺分划的系统误差可以通过水准标尺的平均每米真长加以改正，所以分划的偶然误差代表水准标尺分划的综合精度。

（3）水准标尺在构造上应保证全长笔直，并且尺身不易发生长度和弯扭等变形。一般精密水准标尺的木质尺身均应以经过特殊处理的优质木料制作。为了避免水准标尺在使用中尺身底部磨损而改变尺身的长度，在水准标尺的底面必须钉有坚固耐磨的金属底板。

（4）在精密水准标尺的尺身上应附有圆水准器装置，作业时扶尺者借以使水准标尺保持在垂直位置。在尺身上一般还应有扶尺环的装置，以便扶尺者使水准标尺稳定在垂直位置。

（5）为了提高对水准标尺分划的照准精度，水准标尺分划的形式和颜色与水准标尺的颜色相协调，一般精密水准标尺都为黑色线条分划和浅黄色的尺面相配合，有利于观测时对水准标尺分划精确照准。

任务7.3　二等水准测量外业观测与记录

一、精密水准测量的技术要求

进行水准测量，其观测数据必须严格满足限差要求，如果超限，必须重测。现将一、二等水准测量的有关限差列于表7-3和表7-4。

表7-3　一、二等水准测量的技术要求

等级	视线长度		前后视距差（m）	前后视距累积差（m）	视线高度（下丝读数）（m）	基辅分划读数差（mm）	基辅分划所得高差之差（mm）	上下丝读数平均值与中丝读数之差		水准路线测段往返测高差不符值（mm）
	仪器类型	视距（m）						0.5 cm分划标尺（mm）	1 cm分划标尺（mm）	
一	S05	≤30	≤0.5	≤1.5	≥0.5	0.3	≤0.4	≤1.5	≤3.0	≤±2$\sqrt{K}$
二	S1	≤50	≤1.0	≤3.0	≥0.3	0.4	≤0.6	≤1.5	≤3.0	≤±4$\sqrt{K}$
	S05	≤50								

注：K——测段、区段或路线长度（km）。
资料来源：引自《国家一、二等水准测量规范》。

表7-4　水准测量的主要技术要求

等级	每千米高差全中误差（mm）	路线长度（km）	水准仪型号	水准尺	观测次数		往返较差、附合或环线闭合差	
					与已知点联测	附合或环线	平地（mm）	山地（mm）
二等	2	—	DS$_1$	因瓦	往返各一次	往返各一次	4$\sqrt{L}$	—

注：①结点之间或结点与高级点之间，其路线的长度，不应大于表中规定的0.7倍；
②L为往返测段，附合或环线的水准路线长度（km）；
③数字水准仪测量的技术要求和同等级的光学水准仪相同；
④工程测量规范没有"一等"。
资料来源：引自《工程测量规范》。

高差观测值的精度是根据往返测高差不符值来评定的，因为往返测高差不符值集中反映了水准测量各种误差的共同影响，这些误差对水准测量精度的影响，不论其性质和变化规律都是极其复杂的，其中有偶然误差的影响，也有系统误差的影响。

根据研究和分析可知，在短距离的水准线路中，如一个测段的往返测高差不符值中，偶然误差是得到反映的，虽然也不排除有系统误差的影响，但毕竟由于距离短，所以影响很微弱，因而用测段的往返测高差不符值 △ 来估计偶然中误差，还是合理的。在长距离的水准线路中，例如一个闭合环，则影响观测的误差，除偶然误差外，还有系统误差，而且这种系统误差，在很长的线路上，也表现有偶然性质。环型闭合差表现为真误差的性质，因而可以利用环闭合差 W 来估计含有偶然误差和系统误差在内的全中误差，现行国家水准测量规范中采用的计算水准测量精度的公式，就是以这种基本思想为基础而导得的。

二、精密水准测量的操作步骤

（一）精密水准测量的观测程序

对于一、二等精密水准测量，往测奇数站和返测偶数站的观测程序（即后前前后）为：

（1）后视，基本分划，上、下丝和中丝读数；

（2）前视，基本分划，中丝和上、下丝读数（注意：先中丝，后上、下丝）；

（3）前视，辅助分划，中丝读数；

（4）后视，辅助分划，中丝读数。

往测偶数站和返测奇数站的观测程序（即前后后前）为：

（1）前视，基本分划，上、下丝和中丝读数；

（2）后视，基本分划，中丝和上、下丝读数（注意：先中丝，后上、下丝）；

（3）后视，辅助分划，中丝读数；

（4）前视，辅助分划，中丝读数。

（二）精密水准测量的操作步骤

以往测奇数站为例来说明一个测站上观测的具体操作步骤，记录与检核见表7-5。

（1）整平仪器，要求望远镜在任何方向时，符合水准气泡两端影像的分离量不超过1 cm。对于自动安平水准仪，要求气泡位于指标圆环中央。

（2）将望远镜对准后视水准标尺，在符合水准气泡两端的影像分离量不大于2 mm时，分别用上、下丝照准水准标尺的基本分划进行视距读数，读至mm，mm位由测微器读出。并记入记录手簿第（1）、（2）栏，然后，转动微倾螺旋使符合水准气泡两端的影像精确符合，再转动测微螺旋用楔形丝照准标尺上的基本分划，读取水准标尺基本分划和测微器读数，记入手簿的第（3）栏，测微器读数至整格。

（3）旋转望远镜照准前视标尺，并使符合水准气泡两端的影像精确符合，用楔形丝照准标尺上的基本分划，读取基本分划和测微器读数，记入手簿第（4）栏，然后用上、下丝照准基本分划进行视距读数，记入手簿第（5）、（6）栏。

（4）照准前视标尺上的辅助分划，使符合水准气泡两端影像精确符合，进行辅助分划和测微器读数，记入手簿第（7）栏。

（5）旋转望远镜照准后视标尺上的辅助分划，使符合水准气泡的影像精确符合，进行辅助分划和测微器读数，记入手簿第（8）栏。

表 7-5 一（二）等水准观测记录

测 自 Ⅱ沈新 1 至 Ⅱ沈新 2 　　　　　　　　　　　　　　2015 年 5 月 16 日

时刻 始 8 时 20 分末＿＿时＿＿分 　　　　　　　　　　　　成像 清晰

温度 20 　　　　　风向风速 S2 　　　　　　天气 晴 　　　　　土质 坚实土

测站编号	前尺 上丝/下丝　后距　视距差 d	前尺 上丝/下丝　前距　∑d	方向及尺号	标尺读数 基本分划（一次）	辅助分划（二次）	基+K 减辅（一减二）	备注
奇	(1)	(5)	后	(3)	(8)	(14)	
	(2)	(6)	前	(4)	(7)	(13)	
	(9)	(10)	后—前	(15)	(16)	(17)	
	(11)	(12)	h	—		(18)	
1	2406	1809	后	153959	153958	+1	
	1986	1391	前	139260	139260	0	
	42.0	41.8	后—前	+14699	+14698	+1	
	+0.2	+0.2	h	+0.146985			
2	1800	1639	后	137400	137401	−1	
	1351	1189	前	114414	114414	0	
	44.9	45.0	后—前	−22986	−22987	−1	
	−0.1	+0.1	h	−0.229865			
3	1825	1962	后	113906	143906	0	
	1383	1523	前	109260	139260	0	
	44.2	43.9	后—前	+4646	+4646	0	
	+0.3	+0.4	h	+0.04646			
4	1728	1884	后	139401	139400	+1	
	1285	1439	前	144141	144140	+1	
	44.3	44.5	后—前	−4740	−4740	0	
	−0.2	+0.2	h	−0.04740			

三、精密水准测量的测站检核计算

表 7-5 中第（1）至（8）栏是读数的记录部分，（9）至（18）栏是计算部分，现以往测奇数站的观测程序为例，来说明计算内容与计算步骤。

1. 视距部分

$$(9) = [(1) - (2)] \times 100;$$

$$(10) = [(5) - (6)] \times 100;$$

$$(11) = (9) - (10);$$

$$(12) = (11) + 前站(12)。$$

2. 高差部分

$$(13) = (4) + K - (7);$$

$$(14) = (3) + K - (8)。$$

式中，K 为基辅差（对于威特 N3 水准标尺而言 $K=3.0155$ m）。

$$(15) = (3) - (4);$$

$$(16) = (8) - (7);$$

$$(17) = (14) - (13) = (15) - (16) 检核;$$

$$(18) = [(15) + (16)] \div 2。$$

每测段观测结束，应进行测段计算。其前后视距、视距差、高差中数栏的累积结果应与单站计算结果的累加相符。该计算不仅有利于观测数据的采用，也对测段观测进行了检核。见表 7-6 所示。

表 7-6　一、二等水准测量的技术要求

等级	视线长度		前后视距差（m）	前后视距累积差（m）	视线离地面最低高度（m）	基辅分划所得高差之差（mm）	水准路线测段往返测高差不符值（mm）
	仪器类型	视距（m）					
二	S1	≤50	≤1.0	≤3.0	≥0.5	≤0.7	≤±4√L

注：①二等水准视线长度小于 20 m 时，其视线高度不应低于 0.3 m；
　　②数字水准仪观测，不受基、辅分划或黑、红面读数较差指标的限制，但测站两次观测的高差较差，应满足表中相应等级基、辅分划或黑、红面所测高差较差的限值。
资料来源：引自《工程测量规范》。

四、水准测量平差计算

(一) 水准网按条件平差计算的一般步骤

(1) 绘制水准网平差略图，在图上要注明已知点和节点的名称及各条水准路线的编号，用箭头标明各水准路线观测时的前进方向。

(2) 水准点编号，先从已知点编起，再编待定结点，编号为：1，2，3，…，n，并在图上注明。

(3) 调制已知数据和观测数据表，并按一定格式输入到已运行相关平差软件的计算机中。

(4) 由计算机列出条件式，组成并解算法方程，计算高差改正数和平差值，计算各待定结点的高程平差值，计算单位权重误差、每千米高差中误差，计算最弱点高程中误差。

(5) 按单一路线计算每条水准路线内各个水准点的高程平差值，并编制水准成果表。

(二) 水准网平差算例

某二等水准网如图 7-18，已知数据和观测数据分列于表 7-7、表 7-8，试进行该水准网的平差计算。

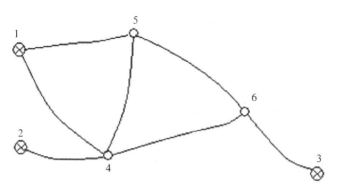

图 7-18　水准网示意图

表 7-7　已知点高程

点名	高程（m）
1	16.000
2	14.953
3	18.650

表 7-8　观测数据

序号	起点	终点	测段长度（km）	观测高差（m）
1	1	5	12.4	+3.452
2	1	4	24.2	+0.050
3	2	4	11.8	+1.100
4	5	4	23.6	−3.404
5	4	6	24.6	+2.398
6	6	5	23.0	1.001
7	6	3	11.7	0.200

用南方平差易 PA2005 计算，待定点平差后高程及高程中误差见表 7-9：

表 7-9　平差结果表

点号	高程（m）	高程中误差（mm）
4	16.0514	0.7
5	19.4527	0.8
6	18.4503	0.8

其他统计数据如下：

每千米高差中误差＝0.44（mm）；

最大高程中误差 [5] ＝0.83（mm）；

最小高程中误差［4］＝0.73（mm）；

平均高程中误差＝0.79（mm）；

规范允许每千米高差中误差＝2（mm）。

任务 7.4　精密水准测量的误差来源及影响

在进行精密水准测量时，会受到各种误差的影响。其中有仪器误差、观测误差和外界因素的影响而产生的误差。下面就几种主要的误差进行分析，并讨论对精密水准观测成果的影响及应采取的措施。

一、水准仪及水准尺的误差

（一）i 角的误差影响

虽然经过 i 角的检验校正，但要使两轴完全保持平行是困难的。因此，当水准气泡居中时，视准轴仍不能保持水平，使水准标尺上的读数产生误差，且该误差与视距成正比。

图 7-19 中，$S_前$、$S_后$ 为前后视距，由于存在 i 角，在前后视水准标尺上的读数误差分别为 $i'' \cdot S_前 / \rho''$ 和 $i'' \cdot S_后 / \rho''$，对高差的误差影响为：

$$\delta_S = i'' \cdot (S_后 - S_前) / \rho''。 \tag{7-1}$$

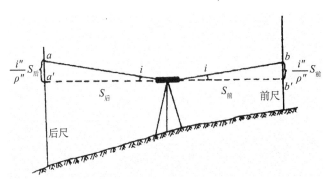

图 7-19　i 角的误差影响

对于两个水准点之间一个测段的高差总和的误差影响为：

$$\sum \delta_S = i'' \cdot (\sum S_后 - \sum S_前) / \rho''。 \tag{7-2}$$

由此可见，在 i 角保持不变的情况下，一个测站上的前后视距相等或一个测段的前后视距总和相等，则在观测高差中由于 i 角的误差影响可以得到消除。但在实际作业中，要求前后视距完全相等是困难的，为此必须规定一个限值。

水准测量规范规定：二等水准测量前后视距差应不大于 1 m，前后视距累积差应不大于 3 m。

（二）交叉误差的影响

当仪器不存在 i 角，则在仪器的垂直轴严格垂直时，交叉误差并不影响在水准标尺上的读数，因为仪器在水平方向转动时，视准轴与水准轴在垂直面上的投影仍保持互相平行，因此对水准测量并无不利影响。但当仪器的垂直轴倾斜时，如与视准轴正交的方向倾斜一个角度，那么这时视准轴虽然仍在水平位置，但水准轴两端却产生倾斜，从而水准气泡偏离居中位置。仪器在水平方向转动时，水准气泡将移动，当重新调整水准气泡居中进行观测时，视准轴就会背离水平位置而倾斜，显然它将影响在水准标尺上的读数。为了减少这种误差对水准测量成果的影响，应对水准仪上的圆水准器进行检验与校正和对交叉误差进行检验与校正。

（三）水准标尺每米长度误差的影响

在精密水准测量作业中必须使用经过长度检验的水准标尺。设 f 为水准标尺每米间隔平均真长误差，则对一个测站的观测高差 h 应加的改正数为：

$$\delta_f = h \cdot f。 \tag{7-3}$$

对于一个测段来说，应加的改正数为：

$$\sum \delta_f = f \cdot \sum h， \tag{7-4}$$

式中，$\sum h$ 为一个测段各测站观测高差之和。

（四）一对水准标尺零点差的影响

一对水准标尺的零点误差一般不等，因而对观测高差必然产生影响。设 a、b 水准标尺的零点误差分别为 Δa 和 Δb，它们都将影响在水准标尺上的读数。

如图 7-20 所示，在测站 I 上顾及两水准标尺的零点误差对前后视水准标尺上读数 b_1、a_1 的影响，则测站 1、2 两点的高差为：

$$h_{12} = (a_1 - \Delta a) - (b_1 - \Delta b) = (a_1 - b_1) - \Delta a + \Delta b。 \tag{7-5}$$

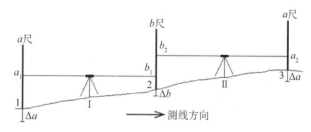

图 7-20 一对水准标尺零点差的影响

在测站 II，此时测站 I 的前尺变为本站的后尺，I 的后尺变为本站的前尺，则 2、3 点的高差为：

$$h_{23} = (b_2 - \Delta b) - (a_2 - \Delta a) = (b_2 - a_2) - \Delta b + \Delta a。 \tag{7-6}$$

则 1、3 点的高差，即 I、II 测站所测高差之和为：

$$h_{13} = h_{12} + h_{23} = (a_1 - b_1) + (b_2 - a_2)。 \tag{7-7}$$

由此可见，尽管两水准标尺的零点误差 $\Delta a \neq \Delta b$，但在两相邻测站的观测高差之和中，抵消了这种误差的影响，故在实际水准测量作业中各测段的测站数目应安排成偶数，且在相邻测站上使两水准标尺轮流作为前视尺。

二、外界因素的影响而产生的误差

(一) 大气垂直折光的影响

对于精密水准测量来说，大气垂直折光对水准测量的影响是复杂的，也是极为重要的。

当视线通过近地面的大气层时，由于近地面大气层的密度分布一般是随高度而变化，即近地面大气层的密度存在着梯度，因此，视线通过时就要在垂直方向上因折射产生弯曲，并且弯向密度较大的一方，这种现象叫作大气垂直折光。如果在地势较为平坦的地区进行水准测量时，前后视距相等，则折光影响基本相同，使视线弯曲的程度也基本相同，因此，在观测高差中就可以消除这种误差的影响。但是，由于越接近地面的大气层，温度的梯度越大，当前后视线离地面的高度不同，视线所通过大气层的密度也不同，折光影响也就不同，所以前后视线在垂直面内的弯曲程度也不同，如水准测量通过一个较长的坡度时，由于前视视线离地面的高度总是大于（或小于）后视视线离地面的高度，这时，垂直折光对高差将产生系统性质的误差影响。

为了减弱垂直折光对观测高差的影响，应使前后视距尽量相等，并使视线离地面有足够的高度，在坡度较大的水准路线上进行作业时，应适当缩短视距。另外，垂直折光的影响，还与一天内的不同时间有关，在日出后半小时左右和日落前半小时左右这两段时间内，由于地表面的吸热和散热，使近地面的大气密度和折光差变化迅速而无规律，故不宜进行观测。在中午的一段时间内，由于太阳强烈照射，使空气对流剧烈，致使目标成像不稳定，也不宜进行观测。为了减弱垂直折光对观测高差的影响，水准测量规范还规定每一测段的往测和返测应分别在上午或下午进行，这样在往返测观测高差的平均值中可以减弱垂直折光的影响。

(二) 仪器和水准标尺（尺台或尺桩）垂直位移的影响

仪器和水准标尺在垂直方向位移所产生的误差，是精密水准测量系统误差的重要来源。图 7-21 中，设观测一测站高差的观测程序为：后视基本分划中丝—前视基本分划中丝—前视辅助分划中丝—后视辅助分划中丝，则当仪器的脚架随时间而逐渐下沉时，在读完后视基本分划读数转向前视基本分划读数的时间内，由于仪器的下沉，视线将有所下降，而使前视基本分划读数偏小。同理，由于仪器的下沉，后视辅助分划读数亦偏小，如果前视基本分划和后视辅助分划读数偏小的量相同，则采用如上"后前前后"的观测程序所测得的高差平均值中可以较好地消除这项误差的影响。

水准标尺（尺台或尺桩）的垂直位移，主要是发生在迁站的过程中，由原来的前视尺转为后视尺而产生下沉，于是总是后视读数偏大，使各测站的观测高差都偏大，成为系统性的误差影响。这种误差的影响在往返测高差的平均值中可以得到有效的抵偿，所以水准测量一般都要求进行往、返测。

有时仪器脚架和尺台（或尺桩）也会发生上升现象，就是当我们用力将脚架或尺台压入地下之后，在我们不再用力的情况下，土壤的反作用有时会使脚架或尺台逐渐上升，如果水准测量路线沿着土壤性质相同的路线敷设，而每次都有这种上升的现象发生，结果会产生系统性质的误差影响，根据研究表明，这种误差可以达到相当大的数值。

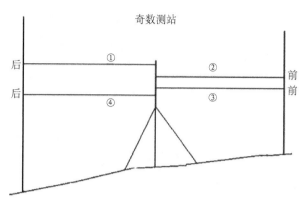

图 7-21　仪器垂直位移的影响

（三）温度变化对 i 角的影响

精密水准仪的水准管框架是同望远镜筒固连的，为了使水准管轴与视准轴的联系比较稳固，这些部件采用因瓦合金钢制造的，并把镜筒和框架整体装置在一个隔热性能良好的套筒内，以防止由于温度的变化，使仪器有关部件产生不同程度的膨胀或收缩，而引起 i 角的变化。

但是当温度变化时，完全避免 i 角的变化是不可能的，例如仪器受热的部位不同，对 i 角的影响也显然不同，当太阳射向物镜和目镜端影响最大，旁射水准管一侧时，影响较小，旁射与水准管相对的另一侧时，影响最小。因此，温度的变化对 i 角的影响是极其复杂的，试验结果表明，当仪器周围的温度均匀地每变化 $1℃$ 时，i 角将平均变化约为 $0.5''$，有时甚至更大些，竟可达到 $1''\sim2''$。

由于 i 角受温度变化的影响很复杂，因而对观测高差的影响是难以用改变观测程序的办法来完全消除，而且，这种误差的影响在往返测不符值中也不能完全被发现，这就使高差中数受到系统性的误差影响，因此，减弱这种误差影响最有效的方法是减少仪器受辐射热的影响，如观测时打伞，避免日光直接照射仪器，以减小 i 角的复杂变化，同时，在观测开始前应将仪器预先从箱中取出，使仪器与周围空气温度一致。

如果我们认为在观测的较短时间段内，由于受温度的影响，i 角与时间成正比例的均匀变化，则可以采取改变观测程序的方法在一定程度上来消除或削弱这种误差对观测高差的影响。

两相邻测站 I、II 对于基本分划如按下列①、②、③、④程序观测，即

在测站 I 上：①后视，②前视；

在测站 II 上：③前视，④后视。

则由图 7-22 可知，对测站 I、II 观测高差的影响分别为：$-S\,(i_2-i_1)$ 和 $+S\,(i_4-i_3)$，其中 S 为视距，i_1、i_2、i_3、i_4 为相应于每次中丝读数时的 i 角。

由于我们认为在观测的较短时间段内，i 角与时间成正比例的均匀变化，所以 $(i_2-i_1)=(i_4-i_3)$，由此可见在测站 I、II 的观测高差之和中就抵消了由于 i 角变化的误差影响。但是，由于 i 角的变化不可能完全按照与时间成比例的均匀变化，因此，严格地说，(i_2-i_1) 与

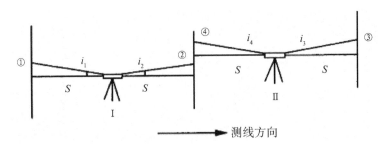

图 7-22　温度变化对 i 角的影响

$(i_4 - i_3)$ 不一定完全相等，再者相邻奇偶测站的视距也不一定相等，所以按上述程序进行观测，只能说基本上消除，由于 i 角变化的误差影响。

根据同样的道理，对于相邻测站 I、II 辅助分划的观测程序应为：

在测站 I 上：①前视，②后视；

在测站 II 上：③后视，④前视。

综上所述，在相邻两个测站上，对于基本分划和辅助分划的观测程序可以归纳为：

奇数站的观测程序：

后（基）—前（基）—前（辅）—后（辅）。

偶数站的观测程序：

前（基）—后（基）—后（辅）—前（辅）。

所以，将测段的测站数安排成偶数，对于削减由于 i 角变化对观测高差的误差影响也是必要的。

三、观测误差的影响

精密水准测量的观测误差，主要有水准器气泡居中的误差、照准水准标尺上分划的误差和读数误差。这些误差都具有偶然误差性质，由于精密水准仪有微倾螺旋和符合水准器，并有光学测微器装置，可以提高水准器气泡居中的精度和读数精度，同时用楔形丝照准标尺上的分划线，可以减小照准误差，因此，这些误差影响都可以有效地控制在很小的范围内。根据试验结果分析表明，这些误差对每测站上由基辅分划所得观测高差的平均值的影响还不到 0.1 mm。

四、电磁场对水准测量的影响

在国民经济建设中敷设大功率、超高压输电线，为的是使电能通过空中电线或地下电缆向远距离输送，根据研究发现输电线经过的地带所产生的电磁场，对光线，其中包括对水准测量视线位置的正确性有系统性的影响，并与电流强度有关。输电线所形成的电磁场对平行于电磁场和正交于电磁场的视线将有不同影响，因此，在设计高程控制网布设水准路线时，必须考虑到通过大功率、超高压输电线附近的视线直线性所发生的重大变形。

近几年来的初步研究结果指出，为了避免这种系统性的影响，在布设与输电线平行的水准路线时，必须使水准线路离输电线 50 m 以外，如果水准线路与输电线相交，则其交角应为直角，跨线应将水准仪严格地安置在输电线的正下方，这样，照准后视和前视水准标尺的视线直线性的变形可以互相抵消。

确定电磁场对控制测量的影响，具有重大的实际意义，对这个问题还有待于进一步研究。

五、正常水准面的不平行性

如果假定不同高程的水准面是互相平行的，那么水准测量所测定的高差，就是水准面之间的垂直距离，这种假定在较短距离的情况下与实际相差不大，而在较长距离时，这种假定是不正确的。

在空间重力场中的任何物质都受到重力的作用而使其具有位能。对于水准面上的单位质点而言，它的位能大小与质点所处高度及该点重力加速度有关。我们把这种随着位置和重力加速度大小而变化的位能称为重力位能，并以 W 表示，则有：

$$W = gh，\tag{7-8}$$

式中，g 为重力加速度；h 为单位质点所处的高度。

我们知道，同一水准面上各点的重力位能相等，因此，水准面又称重力等位面，或称正常水准面。如果将单位质点从一个正常水准面提到相距 Δh 的另一个正常水准面，其所做的功就等于两正常水准面的位能差，即 $\Delta W = g\Delta h$。在图 7-23 中，设 Δh_A、Δh_B 分别表示两个非常接近的正常水准面在 A、B 两点的垂直距离，g_A、g_B 为 A、B 两点的重力加速度，由于正常水准面具有重力位能相等的性质，因此，A、B 两点所在水准面的位能差 ΔW 应有下列关系：

$$\Delta W = g_A \cdot \Delta h_A = g_B \cdot \Delta h_B。\tag{7-9}$$

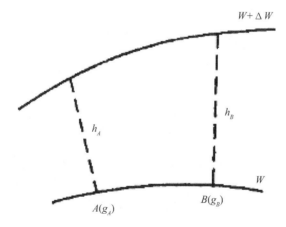

图 7-23 正常水准面的不平行性

我们知道，在同一水准面上的不同点重力加速度 g 值是不同的，因此由式（7-9）可知，Δh_A 与 Δh_B 必定不相等，也就是说，任何两邻近的正常水准面之间的距离在不同的点上是不相等的，并且与作用在这些点上的重力成反比。以上的分析表明正常水准面不是相互平行的，这是水准面的一个重要特性，称为正常水准面不平行性。

重力加速度 g 值是随纬度的不同而变化的，在赤道处有较小的 g 值，而在两极处 g 值较大。因此相互不平行的正常水准面向两极收敛，是接近椭圆形的曲面。

正常水准面的不平行性，对水准测量将产生什么影响呢？

我们知道，水准测量所测定的高程是由水准路线上各测站所得高差求和而得到的，在图 7-24 中，地面点 B 的高程可以沿水准路线 OAB 按各测站测得的高差 Δh_1、Δh_2······之和求得，即

$$H_{测}^B = \sum_{OAB} \Delta h \text{。} \quad\quad (7-10)$$

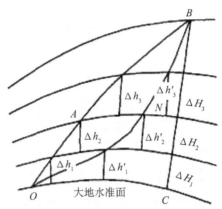

图 7-24　正常水准面不平行性对水准测量的影响

如果沿另一条水准路线 ONB 施测，则 B 点的高程应为水准路线 ONB 各测站测得高差 $\Delta h'_1$、$\Delta h'_2$······之和，即

$$H'^B_{测} = \sum_{ONB} \Delta h' \text{。} \quad\quad (7-11)$$

由于正常水准面的不平行性，可知 $\sum_{OAB} \Delta h \neq \sum_{ONB} \Delta h'$，因此 $H^B_{测}$ 与 $H'^B_{测}$ 必定不相等，也就是说，用水准测量测得两点间的高差随测量所循水准路线不同而不同。

由此可见，即使水准路线完全没有误差，但是由于 $H^B_{测} \neq H'^B_{测}$ 使水准路线构成闭合环 $OABNO$ 的闭合差也不为零。在环形水准路线中，由于正常水准面的不平行性所产生的闭合差称为理论闭合差。

由于正常水准面的不平行性，使得两高程控制点间的高差沿不同的水准测量路线所测得的结果不一致。为了使点的高程有唯一确定的数值，就必须在观测高差中加入正常水准面不平行改正数。这也就是采用统一高程系统的问题，我国采用统一的高程系统是正常高高程系统，在这个高程系统中，地面点的正常高高程是以似大地水准面为基准面的高程。

六、精密水准测量的一般规定

作为水准测量的作业人员，在进行水准测量时，必须要熟记有关规范的具体规定，并严格遵守其规定。测量规范中的这些规定，都是基于对测量误差来源及影响进行充分分析的前提下制定的。

现将精密水准测量的一般规定及其作用归纳如下：

（1）观测前，应使仪器与环境温度趋于一致；观测时应打伞遮阳；迁站时应罩以仪器罩。这样可以减弱视准轴受温度变化的影响。

（2）同一测站的观测中，不得两次调焦。

（3）仪器前、后视距应尽量相等，其差应小于规定的限值。对于二等水准测量，一测站前、后视距差应不大于 1.0 m；前、后视距累积差应不大于 3.0 m。这样，可以消除或削弱与距离有关的各种误差对观测高差的影响，如 i 角误差和垂直折光等影响。

（4）相邻测站，应按奇、偶数测站的观测程序进行观测。往测奇数站按"后前前后"、偶数站按"前后后前"的观测程序在相邻测站上交替进行。返测的观测程序与往测相反。这样，可以消除或减弱与时间成比例均匀变化的误差对观测高差的影响，如 i 角随时间的变化和仪器标尺的垂直位移等误差的影响。

（5）在一测段的水准测量路线上，测站的数目应安排成偶数。这样，可以消除或减弱一对标尺零点不等差对观测高差的影响及交叉误差在仪器垂直轴倾斜时对观测高差的影响。

（6）每一测段应进行往测和返测。这样，可以消除或减弱性质相同、正负号也相同的误差影响，如水准标尺垂直位移的误差影响。

（7）一个测段水准测量路线的往测和返测应在不同的气象条件下进行（如上午和下午）。对于观测时间、视线长度和视线高度也都有相应的规定，这些规定的主要作用，是为了消除或减弱大气垂直折光对观测高差的影响。

（8）补偿式自动安平水准仪观测的操作程序与水准器水准仪相同。观测前对圆水准器应严格检验与校正，观测时应严格使圆水准器气泡居中。

（9）观测工作间歇时，最好能结束在固定的水准点上，否则，应选择两个坚固可靠的固定点，作为间歇点。间歇后，应对两个间歇点的高差进行检测，检测结果如符合限差的要求（对于二等水准测量，规定检测间歇点高差之差应≤1.0 mm），就可以从间歇点起测。若仅能选定一个固定点作为间歇点，则在间歇后应仔细检视，确认没有发生任何位移，方可由间歇点起测。

任务 7.5　精密水准测量仪器的检验

为了保证水准测量成果的精度，对所用的水准仪和水准标尺，在水准测量作业开始前，应按国家水准测量规范的规定进行必要的检验。

对水准仪和水准标尺进行检验的目的是为了研究和分析仪器存在误差的性质及对水准测量的影响规律，从而在水准测量作业时采取相应的措施以减弱和消除仪器误差对测量成果的影响。因为水准仪和水准标尺各部件之间的关系不正确，或部件的效用不正确，都影响水准测量成果的精度。此外，外界条件的作用，也会影响水准仪和水准标尺各部件之间的正确关系。

一、精密水准仪的检验

（一）水准仪的检视

此项检验，要求从外观上对水准仪做出评价，并做记载。检查项目和内容如下：

（1）外观检查，各部件是否清洁，有无碰伤、划痕、污点、脱胶、镀膜脱落等现象；

（2）转动部件检查，各转动部件、转动轴和调整制动等转动是否灵活、平稳，各部件有无松动、失调、明显晃动，螺纹的磨损程度等；

（3）光学性能检查，望远镜视场是否明亮、清晰、均匀，调焦性能是否正确等；

（4）补偿性能检查，对于自动安平水准仪应检查其补偿器是否正常，有无沾摆现象；

（5）设备件数清点，仪器部件及附件和备用零件是否齐全。

（二）水准仪上概略水准器的检校

用脚螺旋使概略水准气泡居中，然后旋转仪器180°。此时若气泡偏离中央，则用水准器改正螺丝改正其偏差的一半，用脚螺旋改正另一半，使气泡回到中央。

如此反复检校，直到仪器无论转到任何方向，气泡中心始终位于中央时为止。

（三）视准轴与水准管轴相互关系的检验与校正

水准测量的基本原理是根据水平视线在水准标尺上的读数，从而求得各点间的高差，而水平视线的建立又是借助于水准气泡居中来实现的。因此，水准仪视准轴与水准管轴必须满足相互平行这一重要条件。但是，视准轴与水准管轴相互平行的关系是难以绝对保持的，而且在仪器使用过程中，这种相互平行的关系还会发生变化，所以在每期作业前和作业期间都要进行此项检验与校正。

水准仪的水准管轴与视准轴一般既不在同一平面内，也不相互平行，而是两条空间直线，也就是说，它们在垂直面上和水平面上的投影都是两条相交的直线。在垂直面上投影线的交角，称为 i 角误差。在水平面上投影线的交角，称为交叉误差。

1. i 角误差的检验与校正

测定 i 角的方法很多，但基本原理是相同的，都是利用 i 角对水准标尺上读数的影响与距离成比例这一特点，从而比较在不同距离的情况下，水准标尺上读数的差异而求出 i 角。

一般测定 i 角的方法是：距仪器 s 和 $2s$ 处分别选定 A 点和 B 点，以便安置水准标尺，A、B 两点的高差是未知数，我们要测定的 i 角也是未知数，所以要选定两个安置仪器的点 J_1 和 J_2，如图7-25所示。在 J_1 和 J_2 点分别安置仪器测量 A、B 两点间的高差，得到两份成果，建立相应的方程式，从而求出 i 角。

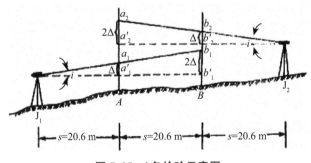

图7-25 i 角检验示意图

在 J_1 测站上，照准水准标尺 A 和 B，读数为 a_1 和 b_1，当 $i=0$ 时，水平视线在水准标尺上的正确读数应为 a'_1 和 b'_1，所以由于 i 角引起的误差分别为 Δ 和 2Δ。同样，在 J_2 测站上，照准水准标尺 A 和 B，读数为 a_2 和 b_2，正确读数应为 a'_2 和 b'_2，其误差分别为 2Δ 和 Δ。

在测站 J_1 和 J_2 上得到 A、B 两点的正确（没有 i 角影响）高差分别为：

$$\begin{cases} h'_1 = a'_1 - b'_1 = (a_1 - \Delta) - (b_1 - 2\Delta) = a_1 - b_1 + \Delta \\ h'_2 = a'_2 - b'_2 = (a_2 - 2\Delta) - (b_2 - \Delta) = a_2 - b_2 - \Delta \end{cases} \qquad (7-12)$$

如不顾及其他误差的影响，则 $h'_1 = h'_2$，所以由（7-12）式可得：

$$2\Delta = (a_2 - b_2) - (a_1 - b_1), \qquad (7-13)$$

式中，$(a_2 - b_2)$ 和 $(a_1 - b_1)$ 是仪器存在 i 角时，分别在测站 J_2 和 J_1 测得 A、B 两点间的观测高差，以 h_2 和 h_1 表示，则上式可写为：

$$\Delta = \frac{1}{2}(h_2 - h_1)。 \qquad (7-14)$$

由图 7-25 可知：

$$\Delta = i'' s \frac{1}{\rho}，故 \; i'' = \frac{\rho}{s}\Delta。 \qquad (7-15)$$

为了简化计算，i 角测定时使 $s = 20.6$ m，则：

$$i'' = 10\Delta， \qquad (7-16)$$

式（7-16）中 Δ 以 mm 为单位。

水准测量规范规定，用于精密水准测量的仪器，如果 i 角大于 $15''$，则需要进行校正，见表 7-10 所示。

表 7-10 i 角误差的检验

仪器：N3 No：777017　　　　标尺：11687　11688　　　　观测者：王建中
日期：2011 年 8 月 25 日　　　　成像：清晰　　　　记录者：姜胜利

仪器站	观测次序	标尺读数		高差（$a-b$）(mm)	i 角计算
		A 尺读数 a	B 尺读数 b		
J_1	1	198 712	199 140		$s=20.6$ m
	2	708	142		$2\Delta = (a_2-b_2)-(a_1-b_1)$
	3	704	154		$=-0.10$ mm
	4	708	150		$i''=10\Delta=-0.50''$
	中数	198 708	199 146	−4.38	
J_2	1	210 952	211 394		
	2	956	410		
	3	944	396		
	4	958	400		
	中数	210 952	211 400	−4.48	

2. 水泡式水准仪交叉误差的检校

水准仪经过 i 角的检验与校正，视准轴与水准管轴在垂直面上的投影直线已保持平行关系（严格地讲，只能说基本平行），但还不能保持在水平面上的投影直线平行，也就是说，还有可能存在交叉误差。

如果存在交叉误差，当仪器的垂直轴略有倾斜时（特别是与视准轴正交方向的倾斜），即使水准轴水平，而视准轴却不水平，而产生了 i 角，应该指出，由此产生的 i 角是由有交叉误差在垂直轴倾斜时转化而形成的。

如果有交叉误差存在，则仪器整平后，使仪器绕视准轴左右倾斜时，水准气泡就会发生移动，交叉误差就是根据这一特征进行检验的，具体检验步骤如下：

（1）将仪器安置在距水准标尺约 50 m 处，并使其中两个脚螺旋在望远镜照准水准标尺的垂直方向上，如图 7-26 中的 1、2 脚螺旋。

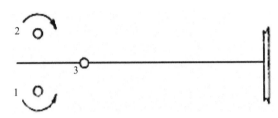

图 7-26　检验交叉误差的脚螺旋位置

（2）将仪器整平，旋转微倾螺旋时水准气泡精密符合。用测微螺旋使楔形丝夹准水准标尺上一条分划线，并记录水准标尺与测微器分划尺上的读数。在整个检验过程中需保持水准标尺和测微器分划尺上的读数不变，也就是在检验过程中应保持视准轴方向不变。

（3）将照准方向一侧的脚螺旋 1 升高两周，为了不改变视准轴的方向，应将另一侧的脚螺旋 2 做等量降低，保持楔形丝仍夹准水准标尺上原来的分划线。此时仪器垂直轴倾斜。注意观察并记录水准气泡的偏移方向和大小。

（4）旋转脚螺旋 1、2，使其回到原来位置，使楔形丝在夹准水准标尺上原分划线的条件下，水准气泡两端恢复符合的位置。

（5）将脚螺旋 2 升高两周，脚螺旋 1 做等量降低，使楔形丝夹准水准标尺上的原分划线，此时仪器相对于步骤（3）向另一侧倾斜。注意并记录水准气泡偏移方向和大小。

根据仪器先后向两侧倾斜时，气泡偏移的方向和大小来分析判断视准轴与水准管轴的相互关系。可能出现下列不同情况：

水准气泡的影像仍保持符合，则说明仪器不存在 i 角误差和交叉误差；

水准气泡的影像同向偏移，且偏移量相等，则仅有 i 角误差，而没有交叉误差；

水准气泡的影像同向偏移，且偏移量不等，则 i 角误差大于交叉误差；

水准气泡的影像异向偏移，且偏移量相等，则仅有交叉误差，而没有 i 角误差；

水准气泡的影像异向偏移，且偏移量不等，则交叉误差大于 i 角误差。

根据以上分析，当仪器垂直轴向两侧倾斜，水准气泡有异向偏移情况，则有交叉误差存在，水准测量规范规定偏移量大于 2 mm 时，需进行交叉误差的校正。

校正的方法是：先将水准器侧方的一个改正螺旋松开，再拧紧另一侧的一个改正螺旋，使水准气泡向左右移动，直至气泡影像符合为止。

必须指出，当同时存在交叉误差和 i 角误差时，为了便于校正交叉误差，应先将 i 角误差校正好。

（四）光学测微器隙动差和分划值的测定

光学测微器是精确测定小于水准标尺分划间隔尾数的设备。测微器本身效用是否正确，测微器分划尺的分划值是否正确都会直接影响到读数的精度。因此，在作业前应进行此项检验和测定。

测定测微器分划值的基本思想是：利用一根分划值经过精密测定的特制分划尺和测微器分划尺进行比较求得。将特制分划尺竖立在与仪器等高的一定距离处，旋转测微螺旋，使楔形丝先后对准特制分划尺上两相邻的分划线，这时测微器分划尺移动了 L 格。现设特制分划尺上分划线间隔值为 d，测微器分划尺一个分格的值为 g，则

$$g = \frac{d}{L}。 \tag{7-17}$$

此项检验应选择在成像清晰稳定的时间内进行，在距离仪器 5～6 m 处竖立特制分划尺，可以选用三级标准线纹尺或其他同等精度钢尺，用其 1 mm 刻划面进行此项检验。

1. 观测方法

测定时，应使测微器上所有使用的分划线均受到检验，测定应进行三组，每组应观测 5 个测回，每测回分往测（旋进或旋出）和返测（旋出或旋进）。

测定开始时将仪器整置水平，并将测微器转到零分划附近处，然后取标准尺上 6 根其间隔为 5 mm 的分划线，使中丝与一分划线重合，此时，在测微器上的读数应在 0～3 格范围。

（1）每测回的操作如下：

往测：旋进（或旋出）光学测微器依次照准 1～6 的每根刻划线。每次照准时，使中丝与分划线重合，并读取测微器读数为 a；

返测：往测完后马上进行返测，旋出（或旋进）光学测微器依次以相反方向照准 6～1 的每根刻划线，读数方法同往测，读数为 b；

（2）其余各测回观测同上，5 个测回组成一组，以后各组之观测与第一组同。

2. 计算方法

（1）测微器隙动差 Δ

$$\Delta = \sum (a_0 - b_0)/18, \tag{7-18}$$

式中，a_0、b_0 为特制分划尺每根分划的读数 a、b 的每组平均值。

（2）测微器分划值

$$g = \sum d / \sum L, \tag{7-19}$$

式中，d 为中丝对准标准尺首末分划间隔（mm）；L 为对准首、末分划时测微器转动量（格）。

按水准测量规范规定，实测格值与名义格值之差，即测微器分划线偏差应小于 0.001 mm，否则应送厂修理。

光学测微器隙动差的测定，主要是比较旋进测微螺旋和旋出测微螺旋，照准特制分划尺上同一分划线在测微器分划尺上的读数，如果读数差 Δ 超过 2 格，表明测微器效用不正确，其主要原因是由于测微器装置不完善。为了避免这种误差的影响，规范规定在作业时只采用

旋进测微螺旋进行读数。△过大时，应送厂修理。

二、精密水准尺的检验

（一）水准标尺的检视

此项检验，要求从外观上对水准标尺做出评价，并做记载。检查内容如下：

（1）标尺有无凹陷、裂缝、碰伤、划痕、脱漆等现象；

（2）标尺刻划线和注记是否粗细均匀、清晰，有无异常伤痕，能否读数。

（二）水准标尺上圆气泡的检校

（1）在距仪器约 50 m 处的尺桩上安置水准标尺，使水准标尺的中线（或边缘）与望远镜竖丝精密重合。如标尺上的气泡偏离，则用改针将标尺圆气泡导至中央；

（2）将水准标尺旋转 180°，使水准标尺的中线（或边缘）与望远镜竖丝精密重合。观察气泡，若气泡居中，表示标尺此面已经垂直，否则应对水准仪十字丝进行检校；

（3）旋转水准标尺 90°，检查标尺另一面是否垂直，其检验方法同（1）、（2）；

（4）如此反复检校多次，使标尺能按尺面上圆水准器准确地竖直。

（三）水准标尺分划面弯曲差的测定

水准标尺分划面如有弯曲，观测时将使读数失之过大。水准标尺分划面的弯曲程度用弯曲差来表示。所谓弯曲差即通过分划面两端点的直线中点至分划面的距离。弯曲差愈大表示标尺愈弯曲。

设弯曲的分划面长度为 l，分划面两端点间的直线长度为 L，则尺长变化 $\Delta l = l - L$。若测得分划面的弯曲差为 f。可导得尺长变化 Δl 与弯曲差 f 的关系式：

$$\Delta l = \frac{8f^2}{3l}。 \tag{7-20}$$

由于分划面的弯曲引起的尺长改正数 Δl 可按式（7-20）计算。设标尺的名义长度 $l = 3$ m；测得 $f = 4$ mm，则 $\Delta l = 0.014$ mm，影响每米分划平均真长为 0.005 mm，对高差的影响是系统性的。水准测量规范规定，对于线条式因瓦水准标尺，弯曲差 f 不得大于 4 mm，超过此限值时，应对水准标尺施加尺长改正。

弯曲差的测定方法是：在水准标尺的两端点引张一条细线，量取细线中点至分划面的距离，即为标尺的弯曲差。

（四）一对水准标尺每米分划真长的测定

按水准测量规范规定，精密水准标尺在作业开始之前和作业结束后应送专门的检定部门进行每米真长的检验，取一对水准标尺的检定成果的中数作为一对水准标尺平均每米真长。一对水准标尺的平均每米真长与名义长度 1 m 之差称为平均米真长误差，以 f 表示，则

$$f = （平均米真长 - 1）\text{ m}。 \tag{7-21}$$

用于精密水准测量的水准标尺，水准测量规范规定，如果一对水准标尺的平均米真长误差大于 0.1 mm，就不能用于作业。当一对水准标尺平均米真长误差大于 0.02 mm，则应对

水准测量的观测高差施加每米真长改正 δ，从而得到改正后的高差 h'，即

$$h' = h + \delta = h + fh, \qquad (7-22)$$

式中，h 以 m 为单位，f 以 mm/m 为单位。

（五）一对水准标尺零点不等差及基辅分划读数差的测定

水准标尺的注记是从底面算起的，对于分格值为 10 mm 的精密因瓦水准标尺，如果从底面至第一分划线的中线的距离不是 10 mm，其差数叫作零点误差。一对水准标尺的零点误差之差，叫作一对水准标尺的零点不等差。当水准标尺存在这种误差时，在水准测量一个测站的观测高差中，就含有这种误差的影响。在相邻两测站所得观测高差之和中，这种误差的影响可以得到抵消，因此，水准测量规范规定在水准路线的每个测段应安排成偶数测站。

在同一视线高度时，水准尺上的基本分划与辅助分划的读数差，称为基辅差，也称为尺常数，对于 1 cm 分格的水准标尺（如 Wild N3 精密水准标尺）为 3.01550 m。如果检定结果与名义值相差过大，则在水准测量检核计算时应考虑这一误差。

检定的方法是：在距仪器 20～30 m 处竖立水准标尺，整平仪器后，分别对水准标尺的基本分划与辅助分划各读数三次，再竖立另一水准标尺，读数如前。为了提高检定的精度，需检定三测回，每测回都要将水准标尺分别竖立在三个木桩上进行读数。

项目小结

本项目主要介绍常规精密高程控制测量（即精密水准测量）作业的基本原理、方法、内容及工作过程，包括精密水准测量基本仪器的使用，外业观测的误差来源、影响规律及减弱（或消除）方法，精密水准测量技术设计、外业实施、内业计算的基本方法、原理和作业过程。

思考题

1. 进行高程测量通常有哪几种方法？
2. 高程基准面指的是什么？如何确定？
3. 国家高程控制网的布设原则是什么？
4. 简述水准测量的实施工作程序。
5. 精密水准仪的特点是什么？
6. 精密水准尺的特点是什么？
7. 精密水准尺的底面应满足什么技术要求？
8. 精密水准测量作业有哪些规定？
9. 精密水准测量主要误差有哪些？针对这些误差的影响，通常要采取什么措施？

10. "1956 年黄海高程系"和"1985 国家高程基准"的主要区别是什么？

11. 何谓验潮？它对测绘工作有何用？

12. i 角的定义是什么？它对水准测量有什么影响？对此通常采取什么措施？

13. 标尺零点误差、一对标尺零点不等差、标尺基辅常数的概念是什么？

14. 为消除标尺零点误差对水准测量的影响，在观测时应采取什么措施？

15. 环境温度变化，i 角要变化，如何消除其对水准测量的影响？

16. 大气垂直折光对水准测量的影响是系统性的，如何减弱其对水准测量的影响？

17. 针对观测过程中的标尺和仪器的垂直位移，应采取什么措施？

18. 精密水准测量为什么要求往、返测要在不同的光段内进行？

19. 精密水准测量中，随着观测员的读数进程，记录员都应做什么检核？

项目 8　三角高程测量

[项目提要]

本项目主要介绍垂直角的观测方法（中丝法、三丝法），以及三角高程测量的基本原理，外业测量及计算的方法。

任务 8.1　垂直角观测

一、垂直角和指标差的计算公式

不同类型仪器垂直度盘的分划注记形式各不相同。图 8-1 为 J_1 型仪器 T3 经纬仪的垂直度盘分划注记示意图，度盘分两个弧段按逆时针方向自 55°～125°注记，对径分划注记相同，度盘将 2°的实际格值注记为 1°，因此度盘上从 55°～125°的名义间隔值 70°实际为 140°。当视线水平，指标水准器气泡居中时，度盘读数为 90°。

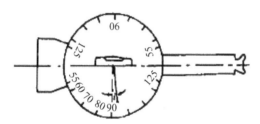

图 8-1　T3 经纬仪垂直度盘的分划注记

实际中，由于垂直度盘读数中部件的关系不正确，其读数为 90°的整倍数的条件通常是不满足的，从而产生指标差。由于指标差的存在，将使视线水平时的读数增大或减小一个数值。当存在指标差 i 时，盘左位置的正确垂直角值为：

$$\alpha = 2(L - 90°) - i \text{。} \tag{8-1}$$

盘右位置的正确垂直角值为：

$$\alpha = 2(90° - R) + i \text{。} \tag{8-2}$$

由 (8-1) 式和 (8-2) 式可得 J_1 型仪器垂直角和指标差的公式：

$$\alpha = L - R \text{；} \tag{8-3}$$

$$i = L + R - 180° \text{。} \tag{8-4}$$

可见，指标差本身的大小并不影响观测结果的精度，它可在盘左、盘右垂直角的平均值中得以消除。

J_2 型仪器的垂直度盘分划注记形式如图 8-2 所示，度盘分划线由 0°～360°以顺时针方向注记，其垂直角和指标差的计算公式分别为：

$$\alpha = \frac{1}{2}(R - L - 180°);$$ （8-5）

$$i = \frac{1}{2}(L + R - 360°)。$$ （8-6）

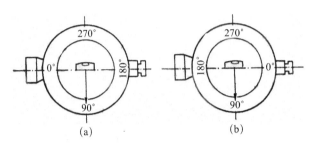

图 8-2 J₂ 型经纬仪垂直度盘的分划注记

二、垂直角的观测方法

垂直角的观测方法有中丝法和三丝法两种。

1. 中丝法

中丝法也称单丝法，就是以望远镜十字丝的水平中丝照准目标。构成一个测回的观测程序为：

在盘左位置，用水平中丝照准目标一次，如图 8-3 a 所示，使指标水准器气泡精密符合，读取垂直度读数，得盘左读数 L 。

在盘右位置，按盘左时的方法进行照准和读数，得盘右读数 R 。照准目标如图 8-3 b 所示。

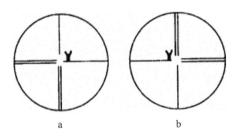

图 8-3 中丝法盘左、盘右照准目标位置

2. 三丝法

三丝法就是以上、中、下三条水平横丝依次照准目标。构成一个测回的观测程序为：

在盘左位置，按上、中、下三条水平横丝依次照准同一目标各一次，如图 8-4 a 所示，使指标水准器气泡精密符合，分别进行垂直度盘读数，得盘左读数 L 。

在盘右位置，再按上、中、下三条水平横丝依次照准同一目标各一次，如图 8-4 b 所示，使指标水准器气泡精密符合，分别进行垂直度盘读数，得盘右读数 R 。

在一个测站上观测时，一般将观测方向分成若干组，每组包括 2~4 个方向，分别进行

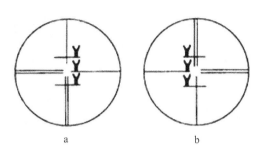

图 8-4　三丝法盘左、盘右照准目标位置

观测，如通视条件不好，也可以分别对每个方向进行连续照准观测。

　　根据具体情况，在实际作业时可灵活采用上述两种方法，如 T3 光学经纬仪仅有一条水平横丝，在观测时只能采用中丝法。

　　按垂直度盘读数计算垂直角和指标差的公式列于表 8-1。

表 8-1　垂直度盘读数计算

仪器类型	计算公式		各测回互差限值	
	垂直角	指标差	垂直角	指标差
J_1（T3）	$\alpha = L - R$	$i = (L + R) - 180°$	$10''$	$10''$
J_2（T2，010）	$\alpha = \dfrac{1}{2}\left[(R - L) - 180°\right]$	$i = \dfrac{1}{2}\left[(L + R) - 360°\right]$	$15''$	$15''$

任务 8.2　三角高程测量

　　三角高程测量是通过测定两点间的距离和竖直角来获得两点间高差的一种方法，它与水准测量相比，虽然精度较低，但是其优点也相当明显，如效率高、适合在起伏较大的地区获得高差或高程。三角高程测量是进行高程控制测量的一种辅助方法，主要用来测定平面控制点的高程，有时也布设专门的高程导线。实践证明，在一定密度的水准点控制下，并注意防止三角高程测量粗差的产生，精度可以达到四等，也是能满足测绘大比例尺地形图需要的。

　　就目前而言，对于测图控制网和工程控制网，在满足精度要求的前提下，应较多地采用三角高程测量进行高程控制。

　　三角高程测量的用途主要有以下两点：

　　（1）有一些高程控制网，如果精度要求较低或地势起伏较大，没必要或不方便实施水准测量方法，可用三角高程方法获得控制点高差或高程。

　　（2）某些平面控制网，需要进行观测值的概算，此时需要控制点的概略高程，此时三角高程方法是首选方法。

一、三角测量的观测方法

　　电磁波测距三角高程观测的技术要求，应符合下列规定：

（1）垂直角的对向观测，当直觇完成后应即刻进行返觇测量；

（2）仪器、反光镜或觇牌的高度，应在观测前后各量测一次并精确至 1 mm，取其平均值作为最终高度；

（3）直返觇的高差，应进行地球曲率和折光差的改正；

（4）高程成果的取值，应精确至 1 mm。

电磁波测距三角高程测量的主要技术要求，垂直角与距离观测的技术要求应符合表 8-2 和表 8-3 所示的规定。

表 8-2　电磁波测距三角高程测量的主要技术要求（1）

等级	垂直角观测				边长测量	
	仪器精度	测回数	指标差较差（″）	测回较差（″）	仪器精度	观测次数
四等	2″级	3	≤7″	≤7″	≤10 mm 级仪器	往返各一次
五等	2″级	2	≤10″	≤10″	≤10 mm 级仪器	往一次

成果的重测规定：

①若某一方向的垂直角或指标差互差超限，则需重测有关测回。

②重测的测回数，不得大于规定测回数的 1/2，否则该组的垂直角应全部重测。

表 8-3　电磁波测距三角高程测量的主要技术要求（2）

等级	每千米高差全中误差（mm）	边长（km）	观测次数	对向观测高差较差（mm）	附合或环形闭合差（mm）
四等	10	≤1	对向观测	$40\sqrt{D}$	$20\sqrt{\sum D}$
五等	15	≤1	对向观测	$60\sqrt{D}$	$30\sqrt{\sum D}$

注：①D 为电磁波测距边长度（km）；

②起讫点的精度等级，四等应起讫于不低于三等水准的高程点上，五等应起讫于不低于四等的高程点上；

③线路长度不应超过相应等级水准路线的总长度。

二、三角高程测量的计算

在"地形测量"课程里，我们已经接触到了三角高程测量的有关知识，即利用两点间的距离和垂直角，可以求得两点间的高差，进而可求得点的高程。但在控制测量中，我们涉及的三角高程测量工作是边长较长、精度较高，因此需要考虑的因素会很多，比如地球曲率和大气折光等因素对三角高程测量的影响等。下面讨论三角高程测量的高差计算公式。

由于全站仪的发展异常迅速，不但测角、测距精度高，而且使用十分方便，因此，当前采用全站仪进行三角高程测量已相当普遍。实验结果表明，当垂直角观测精度 $m_a \leq \pm 2.0''$、边长在 2 km 范围内，全站仪三角高程完全可以替代四等水准测量，如果缩短边长或提高垂直角的测定精度，还可以进一步提高其测量的精度。如，$m_a \leq \pm 1.5''$，边长在 3.5 km 范围内可达到四等水准测量的精度；边长在 1.2 km 范围内可达到三等水准测量的精度。很容易由（8-7）式得出全站仪三角高程按斜距计算的高差公式：

$$h = D\sin\alpha + (1-K)\frac{D^2}{2R}\cos^2\alpha + i - v, \qquad (8-7)$$

式中：h ——测站与镜站之间的高差；

α ——垂直角；

D ——经气象改正后的斜距；

K ——大气折光系；

i ——全站仪仪器高；

v ——反光镜的高度；

R ——参考椭球面上弧 $A'B'$ 的曲率半径。

令 $C = \dfrac{1-K}{2R}$，则 C 称为球气差系数。大气垂直折光系数 K，是随地区、气候、季节、地面覆盖物和视线超出地面高度等条件不同而变化的，要精确测定它的数值，目前尚不可能。据研究，K 值的取值范围为 0.07～0.16，海拔高的地区小于海拔低的地区，干燥的地区小于潮湿的地区，在一天当中，中午前后最小且比较稳定，日出日落时较大且极不稳定。按我国中部和西部地区大面积二等三角网的统计资料分析，可认为，沙漠地区 K 为 0.07～0.10；平原地区 K 为 0.11～0.13；沼泽森林区 K 为 0.14～0.15；水网湖泊区 K 为 0.15～0.16。在应用时，可根据这些规律性和经验值，结合测区的测边及天气的具体情况选择合适的 K 值。

计算应在外业观测资料经检查正确无误后进行。就目前而言，对于短边三角高程测量通常都采用全站仪进行外业观测，高差的计算采用式（8-7），计算步骤如下。

（一）抄录数据

首先应从观测记录本上将观测数据抄录下来，某段往返测数据见表8-4。

表 8-4　蝎子山三角高程测量观测数据

点名	W65	蝎子山
斜距边长	2480.020 m	2480.026 m
竖直角	$+1°48'53''$	$-1°50'10''$
仪器高	1.491 m	1.605 m
棱镜高	1.625 m	1.467 m

抄录的数据应反复检核，确认无误后方可进行下一步计算。

（二）高差计算

目前通常采用计算机程序计算三角高程，如计算量较小，也可采用手工计算。手工计算算例见表8-5。

表 8-5　三角高程计算表

边名	W65——蝎子山		备注
测向	往	返	$C=6.9068\times10^{-8}$
观测斜距 d （m）	2480.020	2480.026	取 $K=0.12$
竖直角 α	$+1°48'53''$	$-1°50'10''$	$R=6\ 370\ 520$
仪器高 i （m）	1.491	1.605	
棱镜高 v （m）	1.625	1.467	
$h'=d\sin\alpha+i-v$	78.372	-79.324	
$E=Cd^2\cos2\alpha$	0.424	0.424	
$h=h'+E$	78.826	-78.900	
往返不符值 $h_{往}+h_{返}$	-0.074		
高差中数 （$h_{往}-h_{返}$）/2	78.863		

项目小结

三角高程测量的基本思想是根据由测站向照准点所观测的垂直角（或天顶距）和它们之间的水平距离，计算测站点与照准点之间的高差。这种方法简便灵活，受地形条件的限制较少，故适用于测定三角点的高程。三角点的高程主要是作为各种比例尺测图的高程控制的一部分。一般都是在一定密度的水准网控制下，用三角高程测量的方法测定三角点的高程。

思考题

1. 就目前而言，哪些工程控制网适合采用三角高程测量？
2. 何谓电磁波测距三角高程？讨论研究这种方法有什么意义？试推导其高差计算公式。

情 境 五

控制网数据处理

项目9 椭球计算与高斯投影

[项目提要]

本项目首先讲述了旋转椭球的概念,测量常用坐标系及其转换;其次讲述了工程坐标系建立的原理和方法;最后讲述了将导线外业地面观测元素(水平方向及斜距等)归算至椭球面上,以及将椭球面上观测元素归算到高斯平面上的方法。本项目是控制测量的内业数据处理的基础知识,在学习过程中,要理解各种坐标系的区别及联系,重点掌握斜距归算至任一高程面的方法及高斯投影变形的计算公式。

任务9.1 椭球的基本概念

一、大地水准面、铅垂线和旋转椭球体

实际测量工作是在地球的自然表面上进行的,而地球自然表面是很不规则的,有陆地、海洋、高山和平原,通过长期的测绘工作和科学调查了解到,地球表面上海洋面积约占71%,陆地面积占29%,所以可以把地球总的形状看作是被海水包围的一个近似球体的曲面,也就是设想有一个自由平静的海水面,向陆地延伸而形成一个封闭的曲面,我们把这个自由平静的海水面称为水准面。水准面是一个处处与重力方向垂直的连续曲面,水准面在小范围内近似一个平面。因为符合上述水准面特性的水准面有无数个,其中最接近地球形状和大小的是通过平均海水面的水准面,这个唯一而确定的水准面叫作大地水准面。

地球有自转,因此地球上每一点都有一个离心力,地球本身又具有巨大的质量,因此对地球上每一点又有一个吸引力,也就是说,地球上每一点都受到两个力的作用,即离心力和

地球的引力，这两个力的合力称为重力，重力的作用线即为铅垂线。我们知道，地球上一点的高程是从平均海水面沿铅垂线方向计算的；在进行水平角观测时，经纬仪置平后，仪器的纵轴位于铅垂线方向，水平度盘所在的平面，就是水准面的切平面，因此测得的水平角就是方向线在水准面上投影线之间的夹角，这就说明水准面和铅垂线是外业测量工作所依据的基准线和基准面。但控制测量的最终目的是精确确定控制点在地球表面上的位置，为此必须确定所依据的基准面的形状，由于地球内部质量分布不均匀，导致地面上各点的重力方向（即铅垂线方向）产生不规则的变化，因而大地水准面实际上是一个有微小起伏的不规则曲面；这个曲面无法用数学公式把它精确地表达出来，因而也就不能确定其形状，如果将地面上的观测值投影到这个不规则的曲面上，将无法进行测量计算和绘图。

随着科学技术的发展，人类逐渐认识到地球的形状近似于一个两极略扁的椭球，对于这个椭球的表面，可用简单的数学公式将它准确地表达出来；世界各国通常都采用旋转椭球（一个椭圆绕其短轴旋转而成的形体）代表地球的形状，控制测量中的数据处理都是以所选择的旋转椭球体为基础的，所以旋转椭球体是测量工作内业计算的基准面。

如图 9-1 所示：O 为旋转椭球体的中心，它是由椭圆 $NWSE$ 绕短轴 NS 旋转而形成的，当旋转椭球体的长半轴 a 和短半轴 b 确定后，它的大小和形状随之确定。

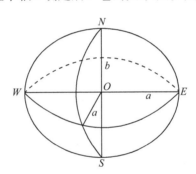

图 9-1　旋转椭球体

旋转椭球体有五个基本的几何参数：

①椭圆的长半轴 a；

②椭圆的短半轴 b；

③椭圆的扁率 $\alpha = \dfrac{a-b}{a}$； $(9-1)$

④椭圆的第一偏心率 $e = \dfrac{\sqrt{a^2-b^2}}{a}$； $(9-2)$

⑤椭圆的第二偏心率 $e' = \dfrac{\sqrt{a^2-b^2}}{b}$。 $(9-3)$

其中 a、b 称为长度元素；扁率 α 反映了椭球体的扁平程度，其值越大则椭球体就越扁；偏心率 e 和 e' 分别是椭圆的焦点离开中心的距离与椭圆长半径、短半径之比，它们也反映了椭球体的扁平程度，偏心率越大，则椭球体越扁。

二、参考椭球和总地球椭球

选好一定形状和大小的椭球后，还不能直接在它上面计算点位坐标，这是因为我们外业测量的成果不是以这个表面为根据的，而是以大地水准面为基准的，所以需要将以大地水准面为基准的野外观测成果化算到这个表面上，才能进行观测数据的处理及坐标的计算。要做到这一点只选定椭球面的形状和大小是不够的，还必须将它与大地水准面在位置上的关系确定下来，这项工作称为椭球定位。我们把形状和大小与大地体（大地水准面包围地球所形成的封闭曲面）相近并且两者之间的相对位置确定的旋转椭球称为参考椭球，世界各国都根据本国的地面测量成果选择一种适合本国要求的参考椭球，因而参考椭球有许多个，各国参考椭球确定的原则是要求参考椭球与本国领域内的局部大地水准面最为接近，这样地面点之间的实际距离才能同依据坐标反算计算的距离相一致，这样对测绘工作较为方便。

然而当我们将各国的测量成果联系起来进行国际合作时，则参考椭球的不同又带来了不便，因此，从全球着眼，必须寻求一个和整个大地体最为接近的参考椭球，称为总地球椭球，总地球椭球的确定，必须以全球范围的大地测量和重力测量资料为根据，总地球椭球应满足下列具体条件：

①总地球椭球中心应与地球质量中心重合；

②总地球椭球的旋转轴应与地轴重合，赤道应与地球赤道一致；

③总地球椭球的体积应与大地体的体积相等，各点大地水准面与总地球椭球面之间的高差平方和为最小。

三、椭球上的点和线

①南、北极：椭球短轴的两端点，S 在南称南极，N 在北称北极。

②子午线（经线）：包含短轴 NS 的平面称为子午面，子午面与椭球相截所得的曲线称为子午线（也称子午圈）；图 9-2 中 NKS 表示 K 点的子午线，同一条子午线上经度是相等的，故子午线又称为经线。

③平行圈（纬线）：垂直于短轴 NS 的平面与椭球面相截的圆称为平行圈。图 9-2 中的 QKQ' 表示 K 点的平行圈；同一条平行圈上各点的纬度是相等的，故平行圈又称纬线。

④赤道：通过椭球中心 O 的平行圈称为赤道（图 9-2 中的 EAE'），赤道上各点上的纬度等于零。

⑤法线：通过椭球面上任一点 P 可做一平面与椭球面相切，过 P 点做一垂直于切平面的直线称为 P 点法线，法线与椭球短轴必然相交，但一般不交于椭球中心。

⑥法截面与法截线：包含 P 点法线 PK（图 9-3）的平面称为法截面。法截面与椭球面相截得出的曲线叫作法截线。

⑦卯酉面与卯酉线：与子午面相垂直的法截面称为卯酉面（图 9-3），卯酉面与椭球相截得出的曲线称为卯酉线，也称为卯酉圈。

⑧大地线：椭球面上两点间的最短程曲线叫作大地线。在椭球面上进行测量计算时，地面上测得的观测元素（水平方向及水平距离）应当归算成相应大地线的方向、距离。

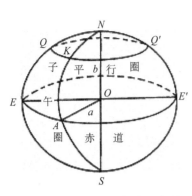
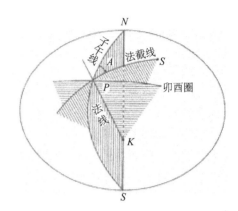

图 9-2　子午线、平行圈示意图　　　　图 9-3　法截线、卯酉圈示意图

四、椭球面上常用坐标系

建立在地球上的坐标系保持着与地球的固定关系，称之为地固坐标系，而地固坐标系又包括地心坐标系和参心坐标系，把坐标系的原点设在地球质量中心的坐标系称为地心坐标系；而把坐标系的原点设在参考椭球中心的坐标系称为非地心坐标系，又称为参心坐标系。

地心坐标系按坐标不同的表达方式，又可分为地心大地坐标系，地心空间直角坐标系和地心高斯平面直角坐标系；参心坐标系按坐标不同的表达方式，同样可分为参心大地坐标系，参心空间直角坐标系和参心高斯平面直角坐标系。参心坐标系和地心坐标系的建立都考虑到了地球本身的形状和大小，这两种坐标系可用于大范围的测量工作计算。

当测区控制面积较小时，可直接把局部地球表面视为平面，建立独立的平面直角坐标系。这种坐标系由于没有考虑到地球本身的形状和大小，因而只能用于小范围测量工作，如果测区范围较大，采用该种坐标系会产生较大的误差。

（一）大地坐标系

用常规的大地测量方法确定地面点的位置时，通常采用的是大地坐标系（图 9-4），在地面上某一点 P 的位置，可用大地经度、大地纬度和大地高来表示。在大地坐标系中规定：以测站点的法线为依据，以椭球赤道为基圈，以经过英国格林尼治天文台的子午面为起始子午面（又称首子午面）。

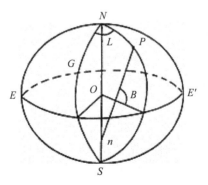

图 9-4　大地坐标系

（1）大地经度：测站点子午面与起始子午面的夹角，称为大地经度，以符号 L 表示。由起始子午面算起，向东为正，称为东经，范围为：$0° \sim 180°$；向西为负，称为西经，范围为：$-180° \sim 0°$。

（2）大地纬度：在测站子午面内，测站点的法线与赤道面的夹角，称为大地纬度，以符号 B 表示。纬度由赤道起向北为正，叫北纬，范围为：$0° \sim 90°$；向南为负，叫南纬，范围为：$-90° \sim 0°$。

（3）大地方位角：包括测站点 P 的法线至某一照准点 N 的法截面与 P 点的子午面之间的夹角，称为该方向 PN 的大地方位角，以符号 A 表示，自点 P 的正北方向顺时针计算，范围为：$0° \sim 360°$。

（4）大地高：有了大地经纬度和方位角，还不足以表示地面点的位置，因为地球表面有起伏高低，所以还需要知道它的高程。测站点 P 沿法线至椭球面的距离称为大地高，以符号 H 表示。根据研究，大地高的数值难以精确地求得，同时它还受椭球定位误差和大地水准面起伏的影响，因此大地高很难满足实际工程要求，所以测量工作一般不直接采用大地高。

（二）空间直角坐标系

空间直角坐标系的建立是以地球椭球为基础的，且同大地坐标系保持一种特定的关系，其坐标原点位于地球质心（地心坐标系）或参考椭球中心（参心坐标系），起始子午面与赤道面交线为 X 轴，在赤道面上与 X 轴正交的方向为 Y 轴，椭球体的旋转轴为 Z 轴，构成右手坐标系 $O\text{-}XYZ$，在该坐标系中，P 点的位置用 $(X，Y，Z)$ 表示。如图 9-5 所示。

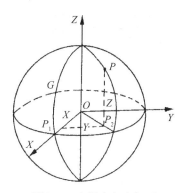

图 9-5 空间直角坐标系

任务 9.2 高斯投影概述

测绘工作的主要任务之一是布设控制网并测绘各种比例尺的地形图。地形图是把地球表面上的地形、地物按一定的要求用平面图形表示出来。测绘时我们把地面作为平面看待，也就是把一个平面上的图形画到另一个平面上的问题，这样做，当测区范围较小时是可以的；然而当在较大的测区内布设整体的控制网时，就必须考虑到地面不是一个平面，而是一个曲面（椭球面），这就产生如何把椭球面上的图形描绘到另一个平面上的问题，我们知道，将大范围的一块椭球面展平是不可能的，强行展平就必然出现褶皱或破裂。如何解决这个矛盾？在测绘工作中是用所谓"投影"的方法来解决的。

其次，椭球面是平面控制测量计算的基准面，控制测量的一切成果都应化算到这个表面上，并最后求得控制点的大地坐标，但实际上在椭球面上进行计算工作是很复杂的，例如已知两点的大地坐标，计算这两个点之间的距离涉及微积分的知识，计算过程很复杂。如果我们按一定的投影规律，先将椭球面上的起算元素和观测元素化算为相应的平面元素，然后在平面上进行各种计算（坐标、边长、方位角等）就简单多了。上面这些理由都要求我们来研究投影问题，所谓投影就是将椭球面的测量元素归算到平面上。

一、高斯投影的概念

高斯投影是椭球面投影成平面较为常用的一种方式，我国的国家坐标系就是采用高斯投影将大地坐标转换成平面坐标的，高斯投影是地球椭球体面正形投影于平面的一种数学转换过程。为说明简单起见，可以用下面形象的投影过程来解说这种投影规律。

如图9-6 a所示，设想将截面为椭圆的一个椭圆柱横套在地球椭球体外面，并与椭球体面上某一条子午线相切，同时使椭圆柱的轴位于赤道面内并通过椭球体中心，椭圆柱面与椭球体面相切的子午线称为中央子午线。若以椭球中心为投影中心，将中央子午线两侧一定经差范围内的椭球图形投影到椭圆柱面上，再顺着过南、北极点的椭圆柱母线将椭圆柱面剪开，展成平面，如图9-6 b所示，这个平面就是高斯投影平面。

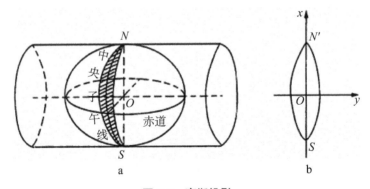

图9-6　高斯投影

二、高斯投影的性质

椭球面不是一个像圆柱面、圆锥面那样可以展平的曲面，所以把它上面的图形投影到平面上必然要发生变化，我们把这种变化叫投影变形。投影变形通常分为角度变形、长度变形和面积变形3种，人们根据生产的需要，可以选择满足某种规律的投影方法，使某种变形为零，或使全部变形减小到某种程度。在这里，投影存在变形是绝对的，不变形是相对的。如果我们在投影时要求没有某种变形，就必然会增大另一方面的变形，但不可能有不变形的方法。在测量上，我们一般要求椭球面上从一点出发的任意两个方向的夹角投影后保持不变，这是因为，角度不变就意味着在小范围内的图形相似。因而地形图上的图形同椭球面上的图形保持相似，这样在实用上将有很大的便利。这种使角度保持不变形的投影，称为正形投影或保角投影。高斯投影即为正形投影，有如下的特征：

①椭球面上的角度，投影后保持不变；

②中央子午线投影后为一直线，且其长度保持不变；

③赤道投影后是一条与中央子午线正交的直线；

④椭球面上除中央子午线外，其余子午线投影后均向中央子午线弯曲，并向两极收敛；

⑤椭球面上对称于赤道的平行圈，投影后成为对称的曲线，它与子午线的投影正交，并凹向两极；

⑥距中央子午线越远，长度变形越大。

在高斯投影面上，因为中央子午线和赤道的投影都是直线，我们以中央子午线与赤道交点 O 为坐标原点，以中央子午线的投影为纵坐标轴，即 x 轴。以赤道的投影为横坐标轴，即 y 轴，这就构成了投影平面上的直角坐标系，如椭球面上任意一点 A，其大地坐标为 (L, B)，投影后在平面上有一对应点 a，其平面坐标为 (x, y)。

三、高斯投影的分带

（一）分带的具体规定

高斯投影虽然不存在角度变形，但是长度变形是存在的，除中央子午线保持长度不变外，只要离开中央子午线，任何一段长度投影后都要发生变形，而且离开中央子午线越远，长度变形越大，为此要加以限制，使其在测图和用图上的影响较小，以至于忽略。限制长度变形最有效的方法是"分带"，即把投影的区域限制在中央子午线两旁的一定范围内。具体做法是先将地球椭球面沿子午线划分成若干个经差相等（例如 6° 或 3°）的瓜瓣形，然后分别按高斯投影规律进行投影，于是得出不同的投影带。位于各带中央的子午线即为中央子午线，用以分带的子午线叫作分带子午线。显然在一定的范围内，如果带分得越多，则各带所包括的范围越小，长度变形自然越小。

分带后，各带将有自己的坐标和原点，各带形成自己的坐标系，这样在相邻两带的分带子午线两侧的各点各属不同坐标系的坐标。为了生产实践的需要，就产生一个建立带与带之间的相互联系问题，从这个角度出发，则又要求分带不要太多。

按照国际上统一规定，我国投影分带主要有 6°分带 和 3°分带。在工程测量和测图中，根据工程测量的特殊要求，为了使长度变形更小，往往采用 1.5°分带 或独立投影带。

对于测图而言，我国规定对于 1∶25 000～1∶100 000 比例尺的国家基本图采用 6°分带，对于 1∶10 000 或更大比例尺的地形图规定采用 3°分带，对于 1∶1000、1∶500 或更大比例尺的地形图，一些工程测绘单位往往根据其特殊的要求采用 1.5°分带 或独立投影带。

高斯投影 6°分带，自 0°子午线起每隔经差 6° 自西向东分带，即 0°～6° 为第一带（中央子午线的经度 $L_0 = 3°$）；6°～12° 为第二带（$L_0 = 9°$）；依次将地球分为 60 个带，各带中央子午线的经度 L_0 与带的号数 N 有如下关系：

$$L_0 = 6°N - 3。$$

（9 - 4）

3°带是在 6°带的基础上划分的，6°带的中央子午线和分带子午线都是 3°带的中央子午线。第一个 3°带的中央子午线为 3°，第二带的中央子午线为 6°……各带依次自西向东编号，设 3°带的带号以 n 表示，则 3°带的中央子午线经度为：

$$L_0 = 3n。 \tag{9-5}$$

我国 6°分带的中央子午线经度，由 75° 起至 135°，共分为 11 个带。即 6°分带从 13 带至 23 带，而 3°带由 25 带至 45 带共 21 个带。图 9-7 是 6°带和 3°带的划分情况。

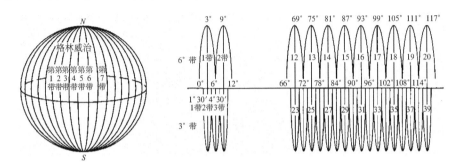

图 9-7　6°投影带与 3°投影带的关系

(二) 投影带的重叠

在相邻两带的拼接处，规定要有重叠部分，在重叠部分内的控制点有属东西带的两套坐标。在重叠部分的地形图上坐标格网线（即公里网），一套属于东带，一套属于西带。这样做是为了有利地形图的拼接和使用，控制点的互相利用及对跨带控制网平差问题的处理等。目前，我国对投影带重叠做如下规定：以分带子午线为准西带重叠东带为经差 30′，东带重叠西带为经差 7.5′。

(三) 坐标写法的规定

高斯平面直角坐标（图 9-8）是以中央子午线的投影为 x 轴，赤道的投影为 y 轴，各个投影带自成一个直角坐标系，为了区别不同投影带内点的坐标，规定在横坐标 y 值前面冠以带号，此外为了避免横坐标出现负值，还规定将 y 值加上 500 km（6°带中横坐标 y 的实际值最大约为 330 km）。例如某点坐标 $y = 20\ 637\ 538.36\ \text{m}$，则可知此点位于第 20 带（$L_0 = 117°$），对于中央子午线而言的横坐标，$y = 637\ 538.36 - 500\ 000 = 137\ 538.36\ \text{m}$。又如某点的坐标 $y = 26\ 428\ 368.45\text{m}$，该点位于 3°带第 26 带。因我国最东面的 6°带是 23 带。而纵坐标无论在哪一带都是由赤道起算的实际值，x 坐标对北半球而言始终为正值。

高斯平面直角坐标系的应用大大简化了测量计算工作，它把在椭球体面上的观测元素全部改化到高斯平面上进行计算，这比在椭球体面上解算球面图形要简单得多。在公路工程测量中也经常应用高斯平面直角坐标，如高速公路的勘测设计和施工测量就是在高斯平面直角坐标系中进行的。

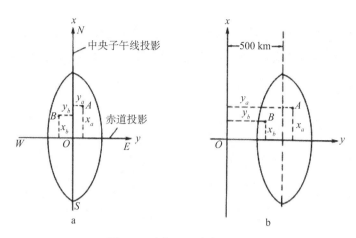

图 9-8　高斯平面直角坐标系

任务 9.3　地面观测值归算至椭球面

无论是平面控制网或是高程控制网都是通过野外采集某些数据——观测量，经过适当处理，最终获得待定点的坐标和高程，然而，观测量之间的矛盾是客观存在的，合理处理观测量之间矛盾的工作称之为平差，而在平差之前又必须将所有观测量归算到某一个基准面上。我们知道，参考椭球面是测量计算的基准面，因此，需要把地面测量的水平方向、边长等成果归算到椭球面上，以便进行计算。地面测量成果是以铅垂线、水准面为基准的，要将其归算至椭球面上，就要以法线和椭球面为基准。

一、将地面观测的水平方向归算至椭球面

对水平方向而言，将地面观测的水平方向归算至椭球面需要经过三项改正，即垂线偏差改正、标高差改正和截面差改正，简称"三差改正"。在将地面上的测量元素归算至椭球面时要满足如下基本要求：

归算要以参考椭球面的法线为基准；

将地面观测元素归算为椭球面上大地线的相应元素，即边长和观测方向都要归算到大地线上。

（一）垂线偏差改正

地面上控制网各点应沿法线方向投影到椭球面上。由于测站点铅垂线方向与相应的椭球面法线方向不一致，对水平方向观测值必有一定的影响。为了求得以椭球面上法线方向为准的水平方向值，必须给予改正，这种改正叫垂线偏差改正，垂线偏差改正数主要与测站的垂线偏差和观测目标的垂直角及方位角有关。

（二）标高差改正

如果测站点观测值已加垂线偏差改正，则可认为垂线同法线一致。这时测站点在椭球面

上或者高出椭球面某一高度，对水平方向是没有影响的。而照准点高出椭球面的一定高度，导致过测站点的法截面偏移了一定的角度，对这个角度改正叫作标高差改正，此项改正主要与照准点的高程有关，而与测站点高程无关。

（三）截面差改正

经过前两项改正，已将地面观测的水平方向化为椭球面上相应的法截线方向。但是对双向观测的两条相对法截线一般不相重合，应当用两点间的大地线（曲面上两点间的大地线为两点间的最短程曲线）来代替相对法截线。因此，为了将方向观测值从法截线方向化为大地线方向，就要加一个改正数，称为截面差改正。

在一般情况下，一等三角测量应加三差改正，二等三角测量应加垂线偏差改正和标高差改正，而不加截面差改正；三等和四等三角测量可不加三差改正。但当 $\xi = \eta > 10''$ 时或者 $H > 2000$ m 时，则应分别考虑加垂线偏差改正和标高差改正。在特殊情况下，应该根据测区的实际情况做具体分析，然后再做出加还是不加改正的规定。如表 9-1 所示。

表 9-1　三差改正的一般规定

三差改正	主要关系量	是否要加改正		
		一等	二等	三、四等
垂线偏差	ξ，η	加	加	酌情
标高差	H		加	酌情
截面差	S		不加	

二、将地面观测的长度归算至椭球面

地面上观测的斜距归算到椭球面的计算，参见任务 4.2。

任务 9.4　椭球面元素归算至高斯平面

由于在椭球面上，进行平差计算通常较复杂，所以平面控制测量的平差计算一般都是在平面上进行的（即高斯平面直角坐标系），所以椭球面上的观测元素需要化算至高斯平面上，然后才能进行后续的平差计算。

一、将椭球面方向归算至高斯平面

由于高斯投影是正形投影，椭球面上大地线间的夹角与它们在高斯平面上的投影曲线之间的夹角相等。为了在平面上利用平面三角学公式进行计算，需把大地线的投影曲线用其弦线来代替。如图 9-9 所示，若将椭球面上的大地线 AB 方向改化为平面上的弦线 ab 方向，其相差一个角值 δ_{ab}，即称为方向改化值。

当大地线长度不大于 10 km，y 坐标不大于 100 km 时，二者之差不大于 $0.05''$，因而可近似认为 $\delta_{ab} = \delta_{ba}$，满足此条件时，有如下适用于三、四等三角测量的方向改正的

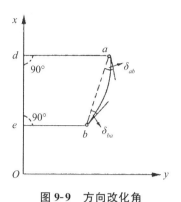

图 9-9 方向改化角

计算公式：

$$\begin{cases} \delta_{ab} = \dfrac{\rho''}{2R^2} y_m(x_a - x_b) \\[2mm] \delta_{ba} = -\dfrac{\rho''}{2R^2} y_m(x_a - x_b) \end{cases}, \tag{9-6}$$

式中，$y_m = \dfrac{1}{2}(y_a + y_b)$ 为 a、b 两点的 y 坐标的自然值的平均值。

二、将椭球面上的距离归算至高斯平面

将地面上的观测斜距归算至椭球面上，变成两点间的大地线长度，实际上还要继续将其投影至高斯平面上。椭球面上的测距边化算到高斯投影面上的长度，应按下式计算：

$$D_g = D_0\left(1 + \frac{y_m^2}{2R_m^2} + \frac{\Delta y^2}{24R_m^2}\right), \tag{9-7}$$

式中：D_g——测距边在高斯投影面上的长度（m）；

y_m——测距边两端点横坐标自然值的平均值（m）；

R_m——测距边中点的平均曲率半径（m）；

Δy——测距边两端点近似横坐标的增量（m）。

任务 9.5 常用测量坐标系及其转换

一、几种常用坐标系介绍

目前，我国的测绘工作常用的坐标系有：1954 年北京坐标系、1980 年西安大地坐标系、WGS—84 世界大地坐标系。2008 年 7 月 1 日，我国启用了 2000 国家大地坐标系。除此之外，还有各种不同的工程坐标系。在上述坐标系统中，除 WGS—84 和 2000 坐标系属于地心坐标系外，余者均为参心坐标系。

（一）WGS—84 世界大地坐标系

20 世纪 60 年代以来，美国国防制图局为了建立全球统一地心坐标系统，利用了大量的

卫星观测资料及全球地面天文、大地和重力测量资料，先建成了世界大地坐标系（World Geodetic System，简称 WGS）WGS—60、WGS—66 和 WGS—72。并于 1984 年开始，经过多年修正和完善，建成了一种新的更为精确的世界地心大地坐标系 WGS—84。

WGS—84 坐标系采用的地球椭球，称为 WGS—84 椭球，其参数为国际大地测量与地球物理联合会第 17 届大会的推荐值，4 个主要参数如下：

长半轴 $a = 6\ 378\ 137 \pm 2$ m；

扁率 $f = 1/298.257\ 223\ 563$；

地球引力常数 $GM = (3\ 986\ 005 \pm 0.6) \times 10^8$ m³/s²；

地球自转角速度 $\omega = (7.292\ 115 \pm 0.1500) \times 10^{-5}$ rad/s。

自 1987 年 1 月 10 日之后，GPS 卫星星历均采用 WGS—84 坐标系统，因此 GPS 网的测站坐标均属于 WGS—84 坐标系统，若要求得 GPS 测站点在参心坐标系中的坐标，就必须进行不同坐标系之间的坐标转换。

（二）2000 国家大地坐标系

2008 年 6 月 18 日，经国务院批准，国家测绘局发布公告：我国将于 2008 年 7 月 1 日启用 2000 国家大地坐标系。

2000 国家大地坐标系是全球地心坐标系在我国的具体体现，其原点为包括海洋和大气的整个地球的质量中心，Z 轴由原点指向历元 2000.0 的地球参考极的方向，X 轴由原点指向格林尼治参考子午线与地球赤道面（历元 2000.0）的交点，Y 轴与 Z 轴、X 轴构成右手正交坐标系。2000 国家大地坐标系采用的地球椭球参数如下：

长半轴 $a = 6\ 378\ 137$ m；

扁率 $f = 1/298.257\ 222\ 101$；

地心引力常数 $GM = 3.986\ 004\ 418 \times 10^{14}$ m³/s²；

地球自转角速度 $\omega = 7.292\ 115 \times 10^{-5}$ rad/s。

2000 国家大地坐标系与现行国家大地坐标系转换、衔接的过渡期为 8～10 年。现有各类测绘成果，在过渡期内可沿用现行国家大地坐标系；2008 年 7 月 1 日后新生产的各类测绘成果应采用 2000 国家大地坐标系。现有地理信息系统，在过渡期内应逐步转换到 2000 国家大地坐标系；2008 年 7 月 1 日后新建设的地理信息系统应采用 2000 国家大地坐标系。

（三）1954 年北京坐标系

20 世纪 50 年代初，为了加速社会主义经济建设和国防建设，全面开展测图工作，迫切需要建立一个参心大地坐标系。

鉴于当时的历史条件，首先将我国东北地区的一等锁与苏联远东一等锁相连接，然后以连接处的呼玛、吉拉林、东宁基线网扩大边端点的苏联 1942 年普尔科沃坐标系坐标为起算数据，平差我国东北及东部地区的一等锁，这样传算来的坐标系，定名为 1954 年北京坐标系。

1954 年北京坐标系采用了原苏联的克拉索夫斯基椭球体，其参数是：长半轴 $a = 6\ 378\ 245$ m；扁率 $f = 1/298.3$；原点位于原苏联的普尔科沃。1954 年北京坐标系可以认为是苏联 1942 年坐标系的延伸，但又不完全属于该坐标系。因为该椭球的高程异常是以原苏联 1955 年大地水准面重新平差结果为起算数据，按我国天文水准路线推算而得；大地点高程又是以 1956 年青岛验潮站求出的黄海平均海水面为基准的。1954 年北京坐标系的我国原点是位于河北省石家庄市柳辛庄的一等天文点。

不难看出，北京坐标系所对应的参考椭球并未采用我国自己的天文测量资料来进行定位和定向。对椭球定向的含义也是不明确的。从现代观点来看，克拉索夫斯基椭球元素也不够精确，只有两个几何参数，不能反映椭球的物理特性。况且北京坐标系所定位的椭球与大地水准面（以 1956 年青岛黄海平均海水面）之间存在着自西向东递增的系统性倾斜，高程异常的最大值达到 ±65 m。

1954 年北京坐标系在我国近 50 年的测绘生产中发挥了巨大的作用。15 万个国家大地点和数百万个加密控制点均在该系统内完成了计算工作。基于该系统测制完成了全国 1∶50 000、1∶100 000 比例尺地形图，1∶10 000 比例尺地形图也在相当范围内完成。可以说，以 1954 年北京坐标系为基础的测绘成果和资料，已经渗透到国民经济建设和国防建设的各个领域。

（四）1980 年西安坐标系

为了弥补 1954 年北京坐标系的不足，20 世纪 70 年代中期我国天文大地网业已建成，重建和完善国家大地坐标系的条件日趋成熟。1978—1982 年我国在进行国家天文大地网整体平差的同时，建立了 1980 年国家大地坐标系。大地坐标系原点，设在我国中部陕西省泾阳县永乐镇北洪流村，在西安以北 60 km，简称西安原点。因此，1980 年国家大地坐标系又称为 1980 年西安坐标系。

1980 年西安坐标系采用了全面描述椭球性质的 4 个基本参数，同时反映了椭球的几何、物理特性。4 个参数值是 1975 年国际大地测量与地球物理联合会第 16 届大会的推荐值：

地球椭球长半径 a＝6 378 140 m；

扁率 f＝1/298.257；

地球引力常数 GM＝3 986 005×10^8 m³/s²；

地球自转角速度 ω＝7 292 115×10^{-11} rad/s。

1980 年西安坐标系的椭球定位，是按局部密合条件实现的。依据 1954 年北京坐标系大地水准面差距图，按 1°×1° 间隔，在全国均匀选取 922 点，列出高程弧度测量方程式，按 $\sum \zeta^2 =$ 最小，求得椭球中心的位移 Δx_0、Δy_0 和 Δz_0，进而可以求出大地原点上的垂线偏差分量（η_k，ξ_k）和高程异常 ζ_k。再由大地原点上测得的天文经纬度（λ_k，φ_k）和正常高 H_k 及至另一点的天文方位角 α_k，即可算得大地原点上的大地经纬度（B，L）和大地高 h_k 及至另一点的大地方位角 A_k，以此作为 1980 年国家大地坐标系的大地起算数据。

1980 年国家大地坐标系的椭球短轴平行于由地球质心指向我国地极原点 JYD1968.0 的方向，起始大地子午面平行于我国起始天文子午面。大地点高程是以 1956 年青岛验潮站求出的黄海平均海水面为基准。

1980 年国家大地坐标系的建立，标志着我国测绘科学技术的进步和发展。无论是椭球的选择及其定位、定向，还是其后全国天文大地网的整体平差，都体现了世界当时的先进水平。

二、测量坐标的转换

测量常用坐标系有三种：大地坐标系（经纬度和高程）、空间直角坐标系、高斯平面直角坐标系（平面坐标和高程），这三种坐标系是坐标的三种不同表示形式，都是同椭球的几何参数相关的，基于同一椭球的这三种坐标系之间的转换都是严密的，它们之间的转换只需要知道椭球体的几何参数及相应的投影参数即可，而不需要通过已知坐标数据求定其转换参数。

不同椭球基准下的坐标系之间的转换从数学角度上讲也是严密的，但实际上，由于大地高不能精确地获得，而导致此种坐标转换范围是有一定限制的，具体的转换范围通常通过转换后的残差确定，根据经验，一般 100 km 范围内是可以的，所以在 WGS—84 坐标和 1954年北京坐标之间是不存在一套转换参数可以全国通用的，在每个地方会不一样，因为它们是两个不同的椭球基准，转换时受到大地高误差的影响。

一般而言，两个椭球间的坐标转换比较严密的是用七参数法：即 X 平移、Y 平移、Z 平移、X 旋转、Y 旋转、Z 旋转、尺度变化 K。要计算出七参数就需要在一个地区需要 3 个以上的已知点（每个点都有源坐标系下的坐标和目标坐标系下的坐标）；如果区域范围不大，最远点间的距离不大于 30 km（经验值），这可以用三参数：即 X 平移、Y 平移、Z 平移，而将 X 旋转、Y 旋转、Z 旋转、尺度变化 K 视为 0，所以三参数只是七参数的一种特例。

两个高斯平面直角坐标的转换也可以采用平面四参数法，此转换是在平面上进行的，即：X 平移、Y 平移、旋转、尺度变化 K。这种方法由于没有考虑到当地椭球的大小，受到高斯投影变形影响较大，从数学角度讲，尺度变化 K 是不严密的，所以是一种近似的坐标转换，只有当测区范围较小时才能使用。当然两个任意平面直角坐标系的转换同样可采用平面四参数法，由于只有在较小范围内，才能把地面当成平面看待，所以此种转换的范围是有一定限制的，否则误差会较大。

（一）同一基准（椭球）空间直角坐标与大地坐标的相互换算

在基于同一基准的坐标系中，地面上任意一点 P，在坐标系中的位置以空间直角坐标表示为 $(X，Y，Z)$，以大地坐标表示为 $(B，L，H)$，这两种坐标存在着数学上的换算关系，其计算公式涉及椭球面上微积分的相关知识，其推算过程和计算公式较为复杂，其具体内容可以参考相关书籍，本书不做赘述。在此以一个实例通过软件说明其转换方法：

例：已知 1954 年北京坐标系下 P 点的大地坐标是（$B=29°33'28.830''$，$L=119°25'44.400''$，$H=67.786$），计算同一基准下的空间直角坐标系。

转换界面如图 9-10 所示，按如下步骤操作：

①选择源坐标类型为大地坐标，椭球基准为北京 54；

②目标坐标类型为空间直角坐标，椭球基准为北京 54；

③输入 P 点的源坐标（$B=29°33'28.830''$，$L=119°25'44.400''$，$H=67.786$）；

④鼠标点击"转换坐标"按钮，得到 P 的空间直角坐标为（$X = -2\ 728\ 310.174\ 644$，$Y = 4\ 836\ 245.378\ 917$，$Z = 3\ 127\ 938.490\ 400$）；

⑤参照上述步骤，如图 9-11 所示，实现同一椭球基准下空间直角坐标转换成大地坐标。

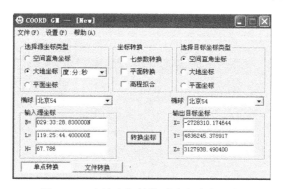

图 9-10　大地坐标转换成空间直角坐标

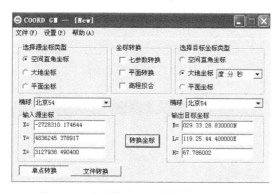

图 9-11　空间直角坐标转换成大地坐标

（二）同一基准（椭球）高斯平面直角坐标与大地坐标的相互换算

已知椭球面上一点的大地坐标（B，L），将其投影至高斯平面上，坐标为（x，y），称之为高斯投影正算（简称为正算）；反之，已知高斯投影面上的一点坐标（x，y），计算它在椭球面上的大地坐标（B，L），称之为高斯投影反算（简称为反算）。高斯投影正反算的公式较为复杂，同样在此不再赘述，在此以一个实例通过软件说明其转换方法：在高斯投影的实际工作中，为了限制投影的变形程度，将椭球面按子午线分成若干带，每一带都有自己的中央子午线和坐标原点。

例：已知 1954 年北京坐标系下 P 点的大地坐标是（$B = 29°33'28.830''$，$L = 119°25'44.400''$）已知投影带中央子午线经度为：$L_0 = 120°$，计算同一基准下的高斯平面直角坐标系。

按如下步骤操作：

①如图 9-12 所示，自定义高斯投影参数，将中央子午线输入 120°；

②如图 9-13 所示，选择源坐标类型为大地坐标，椭球基准为北京 54；

③目标坐标类型为平面坐标，椭球基准为北京 54；

④输入 P 点的源坐标（$B=29°33'28.830''$，$L=119°25'44.400''$）；

⑤鼠标点击"转换坐标"按钮，得到 P 的高斯平面直角坐标为（$x=3\,271\,313.360\,470$，$y=444\,662.429\,103$）；

⑥参照上述步骤，如图 9-14 所示，实现同一椭球基准下高斯平面直角坐标转换成大地坐标。

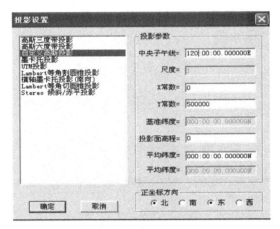

图 9-12　高斯投影设置

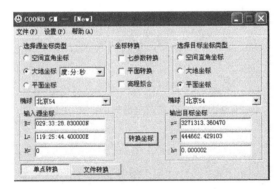

图 9-13　大地坐标转换成高斯平面坐标

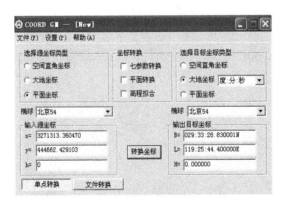

图 9-14　高斯平面坐标转换成大地坐标

（三）高斯投影邻带换算

为了限制高斯投影的长度变形，我们采用分带的办法来解决。分带使得原本一个统一的大地坐标系被分割成了若干个高斯平面直角坐标系。这样给测绘生产实践提出了新的问题，即怎样解决带与带之间的联系问题，这种联系就需要将一个带内的某点平面坐标换算至相邻一个带上，简称为坐标换带。

1. 为什么要进行换带

在工程测量中，利用国家控制点时，为了减少投影变形，一般在下列几种情况下，需要换带。

（1）在投影带边缘地区测图或施工放样时，往往需要利用到另一带的控制点，因此必须将这些点的坐标换算到同一带中；

（2）当布设的控制网分跨于不同的投影带时，为了便于平差计算，需要将邻带的部分（或全部）坐标换算到同一带中；

（3）进行大比例尺测图时要求采用 3°带的坐标，而国家控制点通常是 6°带的坐标，因此需要将 6°带的坐标换算为 3°带的坐标；

（4）工程建设和大比例尺测图采用任意带时，需将已有的 6°带（或 3°带）的坐标，换算为任意带的坐标。

2. 换带的基本方法

此方法是利用椭球面上的大地坐标作为过渡，即把某投影带的平面坐标通过投影反算（已知 x、y，求 L、B）公式，换算成椭球面上的大地坐标；再将此大地坐标，利用投影正算（已知 B、L 求 x、y）公式，换算成相邻带的平面坐标。

这种方法适用于各种不同宽度的相邻投影带之间的坐标换算。例如，由一个 6°带换算为另一个 6°带，6°带换算为 3°带，3°带换算为另一个 3°带或 6°带，以及 3°带和 6°带与任意带间的互相换算。

例：已知某点 N 在国家高斯平面坐标系 6°带的第 20 带内，其坐标为：

$x = 4\ 273\ 640.427$ m，

$y = 535\ 437.233$ m。

求 P 点在 3°分带第 40 带的坐标。

按如下步骤操作：

（1）计算 N 点在 6°带内的中央子午线经度：$L_0 = 6N - 3 = 117°$，并如图 9-15 所示，设定投影带中央子午线经纬为 117°；

（2）如图 9-16 所示，输入 N 点的平面坐标（$x = 4\ 273\ 640.427$，$y = 535\ 437.233$），将其转换为大地坐标（$B = 38°35'40.120496''$，$L = 117°24'24.33042''$）；

（3）计算 N 点在 3°带内的中央子午线经度：$L_0 = 3N = 120°$，如图 9-17 所示，设定投影带中央子午线经纬为 120°；

（4）如图 9-18 所示，依据计算出的 N 大地坐标，计算出目标投影带的高斯平面坐标（$x = 4\ 276\ 752.749$，$y = 274\ 059.410$）。

图 9-15　高斯投影设置（中央子午线经纬为 117°）

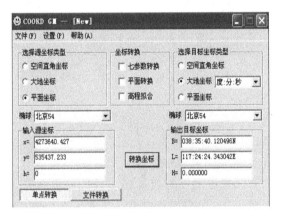

图 9-16　计算 N 点大地坐标

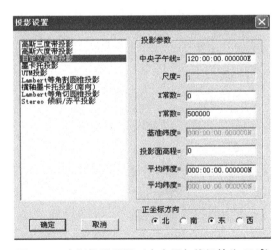

图 9-17　高斯投影设置（中央子午线经纬为 120°）

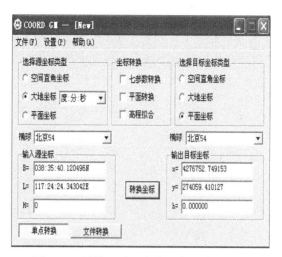

图 9-18　计算 N 点目标投影带的高斯坐标

（四）不同基准（椭球）空间直角系间的坐标换算

基于不同基准（椭球）之间坐标系的转换，是在空间直角坐标系框架内实现的，例如 WGS—84 大地坐标转换成 1980 年大地坐标，其转换过程如下：

a. WGS—84 大地坐标依据 WGS—84 椭球的几何参数，转换成 WGS—84 空间直角坐标；

b. 依据转换参数及转换模型，WGS—84 空间直角坐标转换成 1980 年空间直角坐标；

c. 1980 年空间直角坐标依据 1980 年椭球的几何参数，转换成 1980 年大地坐标。

基于两个空间直角坐标转换模型，可以实现卫星网与地面网间的转换，这种转换在 GPS 测量中，有着很重要的作用。自 20 世纪 60 年代以来，各国大地测量学者对此做了大量的研究，获得了多种转换方法及模型。这里只介绍三参数法和七参数法的转换模型。

1. 三参数法

设两个空间直角坐标系分别为新坐标系 $O_T - X_T Y_T Z_T$ 和旧坐标系 $O - XYZ$，这两个坐标系各对应坐标轴相互平行，坐标系原点不相一致，如图 9-19 所示。不难看出，这两个坐标系中的同一点的坐标具有如下关系：

$$\begin{bmatrix} X \\ Y \\ Z \end{bmatrix}_T = \begin{bmatrix} \Delta X_0 \\ \Delta Y_0 \\ \Delta Z_0 \end{bmatrix} + \begin{bmatrix} X \\ Y \\ Z \end{bmatrix},$$

$$(9-8)$$

式中，ΔX_0、ΔY_0、ΔZ_0 是旧坐标系原点 O 在新坐标系 $O_T - X_T Y_T Z_T$ 中的三个坐标分量，也称为三个平移参数。

三参数空间直角坐标间的转换公式，是在假设两坐标系之间各坐标轴相互平行的条件下导出的，这在实际上往往是不可能的，但由于各种基于椭球的坐标，其椭球都是经过定位的，所以实际上，两个空间直角坐标的 X、Y、Z 三个轴都是基本平行的（即旋转角度接近于 0）。在实际工作中，如果测区范围不大，经常采用三参数法进行坐标转换。

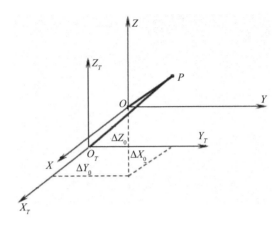

图 9-19　三参数坐标转换

2. 七参数法

如图 9-20 所示，两个空间直角坐标系间除了三个平移参数外，当各坐标轴间相互不平行时，还存在有三个欧勒角，称之为三个旋转参数；在空间直角坐标系下，距离表示的是空间两点的直线距离，从理论上讲，比例因子应等于 1，但由于测量误差的存在，所以各种空间直角坐标系下的尺度通常不等于 1，而是接近于 1，从而还必须加上一个尺度变化参数，共计有七个参数。七参数坐标转换有多种计算公式，这里只介绍布尔沙转换公式。

若以 $(X_i, Y_i, Z_i)_T$ 和 (X_i, Y_i, Z_i) 分别表示 P_i 点在空间直角坐标系 $O_T - X_T Y_T Z_T$ 和 $O - XYZ$ 中的坐标；$(\Delta X_0, \Delta Y_0, \Delta Z_0)$ 表示原点坐标平移量。布尔沙七参数换算公式为：

$$
\begin{bmatrix} X_i \\ Y_i \\ Z_i \end{bmatrix}_T = \begin{bmatrix} \Delta X_0 \\ \Delta Y_0 \\ \Delta Z_0 \end{bmatrix} + \begin{bmatrix} X_i \\ Y_i \\ Z_i \end{bmatrix} d_K + \begin{bmatrix} 0 & -Z_i & Y_i \\ Z_i & 0 & -X_i \\ -Y_i & X_i & 0 \end{bmatrix} \begin{bmatrix} \varepsilon_x \\ \varepsilon_y \\ \varepsilon_z \end{bmatrix} + \begin{bmatrix} X_i \\ Y_i \\ Z_i \end{bmatrix},
\tag{9-9}
$$

式中，$(\varepsilon_x, \varepsilon_y, \varepsilon_z)$ 为三个坐标轴的旋转角度参数；d_K 为尺度比变化参数。

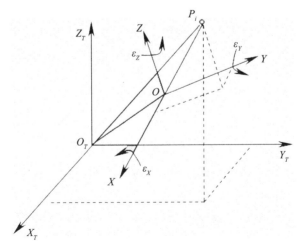

图 9-20　七参数坐标转换

上式适用于任意两个空间直角坐标系统间的相互变换。若把该式的 $(X,Y,Z)_T$ 认为是地面参心坐标系（如 1980 年西安坐标系），而 (X,Y,Z) 是 GPS 测量用的 WGS—84 坐标系，则它便是将 WGS—84 观测坐标值向地面参心坐标系 1980 年西安坐标系的转换公式。

3. 坐标转换实例

如表 9-2 所示，已知 WGS—84 大地坐标，需要将其转换成北京 1954 高斯平面直角坐标，转换参数如表 9-3 所示（已知 WGS—84 空间直角坐标转换成北京 1954 空间直角坐标转换的七个参数和北京 1954 大地坐标转换成高斯平面直角坐标的投影参数）。

表 9-2 已知 WGS—84 大地坐标

点号	B（纬度）	L（经度）	H（大地高 m）
a	40°17′41.120″	124°6′4.137″	114.126
b	40°21′16.811″	124°0′38.362″	133.989
c	40°20′16.965″	124°2′18.912″	127.092
d	40°24′23.211″	123°58′46.056″	119.502

表 9-3 七参数转换参数和高斯投影参数

平移	x：92.253 m y：225.700 m z：85.978 m
旋转	x：$-1.2203″$ y：$2.3571″$ z：$-3.3165″$
比例	-10.875 ppm
投影基准	北京 54 椭球
投影参数	中央子午线 123°　　　原点纬度　0° 原点假东　500 000 m　　原点假北　0 m 尺度　　　1

其转换过程如下：

a. WGS—84 大地坐标（表 9-2）依据同一椭球基准的坐标转换方法，转换成 WGS—84 空间直角坐标（转换结果如表 9-4 所示）；

表 9-4 WGS—84 空间直角坐标

点号	X 坐标	Y 坐标	Z 坐标
a	-2731341.700767	4034000.550011	4103076.954728
b	-2722567.294896	4034753.136585	4108162.023373
c	-2725199.848022	4034411.433977	4106750.657239
d	-2718282.039644	4033136.880737	4112532.457873

b. 表 9-4 所示 WGS—84 空间直角坐标依据表 9-3 中的七参数（即三个平移、三个旋转

和一个比例），转换成北京 1954 空间直角坐标。其方法是：首先输入七参数（图 9-21），然后如图 9-22 所示，在源坐标输入 WGS—84 空间直角坐标，坐标转换类型选择"七参数转换"，最后点击"坐标转换"按钮，即可计算出转换后的北京 1954 空间直角坐标。其转换成果如表 9-5 所示。

图 9-21　输入转换七参数

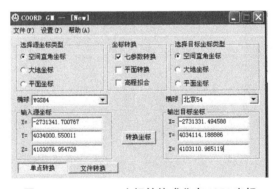

图 9-22　WGS—84 坐标转换成北京 1954 坐标

表 9-5　北京 1954 空间直角坐标

点号	X (m)	Y (m)	Z (m)
a	−2731331.494588	4034114.188886	4103110.965119
b	−2722557.254349	4034866.878274	4108196.083187
c	−2725189.757224	4034525.145403	4106784.700296
d	−2718272.069655	4033250.683048	4112566.509566

c. 北京 1954 空间直角坐标依据表 9-3 中的投影参数，转换成如表 9-6 所示的 1954 高斯

平面直角坐标，转换参数的设置如图 9-23 所示，转换方法如图 9-24 所示。

表 9-6　北京 1954 高斯平面直角坐标

点号	X（m）	Y（m）
a	4462883.963	593556.598
b	4469445.283	585786.266
c	4467626.789	588180.688
d	4475165.072	583072.412

图 9-23　高斯投影参数设置

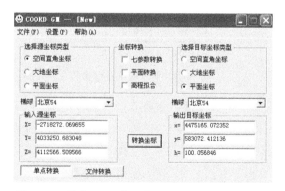

图 9-24　北京 1954 空间直角坐标转换成平面坐标

（五）不同参心坐标系间高斯平面直角坐标的换算

讨论不同参心坐标系间高斯平面直角坐标的换算的实用意义：例如如何把原北京 54 系的高斯平面直角坐标换算为 1980 年国家坐标系的高斯平面直角坐标。一般地说，如果测区范围较小，不同参心坐标系间高斯平面直角坐标的换算可以直接按照平面坐标系四参数进行换算；如果测区较大，则不能直接转换，否则转换后将使坐标的精度降低，因为直接按平面直角坐标转换没有考虑到椭球的形状和大小。

当测区范围较大时，应在空间直角坐标系下进行转换，然后再利用同一基准下不同形式的坐标相互互换的方法，转换成平面坐标。

1. 基于空间直角坐标系的转换法

当测区较大时不同参心坐标系间高斯平面直角坐标的换算必须考虑到椭球的形状和大小，而且还必须知道相应的投影参数，其转换过程如下：

a. 旧高斯平面直角坐标，按照高斯投影坐标反算公式换算为本参心坐标系中的（旧）大地坐标，即 $(x, y)_{旧} \Rightarrow (B, L)_{旧}$；

b. 旧大地坐标换算成同一基准下的旧空间直角坐标，即 $(B, L)_{旧} \Rightarrow (X, Y, Z)_{旧}$；

c. 旧空间直角坐标按照空间直角坐标系间的坐标换算方法转换成新空间直角坐标，即 $(X, Y, Z)_{旧} \Rightarrow (X, Y, Z)_{新}$；

d. 新空间直角坐标换算成同一基准下的新大地坐标，即 $(X, Y, Z)_{新} \Rightarrow (B, L)_{新}$；

e. 新大地坐标根据新的椭球参数按照高斯投影正算公式，换算为新椭球参心坐标系中的高斯平面直角坐标，即 $(B, L)_{新} \Rightarrow (x, y)_{新}$。

2. 四参数转换法

在实际的测绘工作中，经常会遇到在一个较小的工作区域内同时存在两个平面坐标系的问题，这时通常要进行平面直角坐标系的转换（图 9-25）。

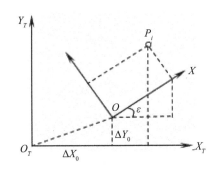

图 9-25　平面直角坐标转换

二维平面直角坐标系间的坐标变换参数有 4 个（ΔX_0，ΔY_0，K，ε），即两个平移参数，一个尺度参数，一个旋转参数。当 4 个参数已知时，可直接进行坐标转换。

$$\begin{cases} x_T = \Delta x_0 + kx\cos\varepsilon - ky\sin\varepsilon \\ y_T = \Delta y_0 + kx\sin\varepsilon - ky\cos\varepsilon \end{cases} \tag{9-10}$$

例：已知 1954 北京坐标系下 M 点的平面坐标是（$x=4657433.324$，$y=543212.453$），四参数分别为 X 平移 345.543 m，Y 平移 565.345 m，旋转角 $T=0°01'32.543''$，比例因子 $K=1.0000321$，试计算转换后的平面直角坐标。

按如下步骤操作：

a. 如图 9-26 所示，输入平面转换的四参数；

b. 如图 9-27 所示，输入 M 点的源坐标（$x=4657433.324$，$y=543212.453$）；

c. 鼠标点击"转换坐标"按钮，得到 M 点的目标坐标为（$x=4657684.176$，$y=$

545884.857）。

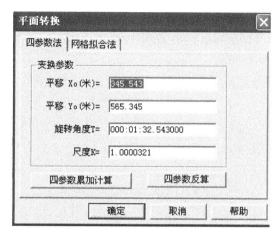

图 9-26　平面转换四参数设置

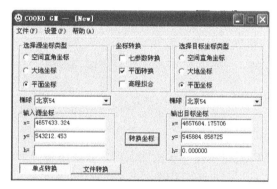

图 9-27　平面四参数法坐标转换

任务 9.6　工程坐标系的建立

工程坐标系是为满足某些工程的实际需要而建立的一类坐标系的总称。在许多城市测量和工程测量中，若直接采用国家坐标系，一方面，可能会因为远离中央子午线或测区平均高程较大，从而导致长度投影变形较大，难以满足工程或实用上的精度要求。另一方面，对于一些特殊的工程测量，如大桥、大坝、滑坡监测等，有时采用国家坐标系在使用上很不方便。因此，常常会建立适合本地区或本工程的坐标系统。这些坐标系统称为工程坐标系或地方独立坐标系。

为了实用、科学和方便的目的，工程坐标系或地方独立坐标系是建立在当地的平均高程面上，并以当地测区中心子午线作为中央子午线进行高斯投影计算球的平面坐标的坐标系统。建立工程坐标系主要考虑两个变形，即高程归化变形和高斯投影变形。

一、长度变形的产生和允许值

我们知道，将实地测量的长度归化到国家统一的椭球面上时，应加入如下改正数：

$$\Delta s = -(H_m/R_A)s。 \qquad (9-11)$$

式中：R_A——长度所在方向的椭球曲率半径；

H_m——长度所在高程面相对于椭球面的高差；

s——实地测量的水平距离。

然后再将椭球面上的长度投影至高斯平面，加入如下改正数：

$$\Delta S = +(y_m^2/2R^2)S。 \qquad (9-12)$$

这样，地面上的一段长度，经过（实地到椭球、椭球到高斯平面）2 次改正化算，就被改变了真实长度。这种高斯投影平面上的长度与地面长度之差，称为长度综合变形。其公式为：

$$\delta = +(y_m^2/2R^2)S - (H_m/R_A)s。 \qquad (9-13)$$

为了方便计算，又不至于损害必要的精度，将椭球视为圆球，取半径 $R \approx R_A \approx 6371 \text{ km}$，又取椭球面上距离和地面距离近似相等，即 $S \approx s$，将上式写为相对变形的形式，则为：

$$\delta/s = (0.00123y^2 - 15.7H) \times 10^{-5}, \qquad (9-14)$$

式中：y——测区中心的横坐标（km）；

H——测区平均高程（km）。

上式表明，采用国家统一坐标系统所产生的长度综合变形，与测区所处投影带内的位置和测区平均高程有关。

控制网是直接服务于城镇或工矿地区大比例尺测图和工程测量的。因此，由控制网所提供的距离应尽可能保持其真实性。这样，地面实测的距离可以直接绘图，图纸上的量取距离也可直接标设于实地。所以就控制网的实用性而言，长度综合变形越小越好。

我国《城市测量规范》、《工程测量规范》均对控制网的长度综合变形的允许值做出了明确规定，应保证长度综合变形不超过 2.5 cm/km，即相对变形不超过 1/40 000。对于测图和工程测量来说，这样的长度综合变形要求，必将极大地降低 6°、3°分带国家统一坐标系统的适用范围。亦即，即使采用 3°分带的国家统一坐标系统，仍然不能保证满足长度综合变形的允许值的要求。因此，不得不分析研究工程坐标系统的建立问题。

二、工程坐标系建立的方法

（一）高斯投影国家统一 3°带平面直角坐标系统

将距离由较高的地表高程面化算至较低的椭球面时，长度总是减小的，其长度减少值同距离椭球面的高度成正比，公式如下所示：

$$\Delta D = (H_m/R_m)D, \qquad (9-15)$$

式中：ΔD——地面距离 D 投影至椭球面长度缩短值；

H_m——测区平均高程（大地高）；

D——地面两点间的距离；

R_m——参考椭球曲率半径。

为了计算方便，又不损失其精度，R_m 取地球平均曲率半径 6371 km，显然要使测距边高程归化引起的长度相对变形小于 1/40 000，H_m 应小于 160 m；而要使高斯投影的距离改化引起的长度相对变形小于 1/40 000，依据公式（9-15）可以计算出 y_m 应小于 45 km。

因为高程归化和高斯投影对于控制网边长的影响为前者缩短和后者伸长，所以当勘测路线的平面位置在国家 3°带中央子午线的最东西边缘的距离若不大于 45 km，同时测区的高程不大于 160 m 时，其长度综合变形不会超过 1/40 000，此时工程坐标系可直接采用 3°带高斯平面直角坐标系。

（二）选择"抵偿高程面"做投影面，按高斯正形投影 3°带计算平面直角坐标

设测区的平均高程为 H_m（大地高），勘测路线中心附近某点在 3°带坐标系中的横坐标为 y_0，为使测区中心处的长度变形完全被抵偿，需使高程归化面低于测区平均高程面（其值用 H 表示），可推出如下公式：

$$(y_0^2/2R_m^2)S = (H/R_m)D, \tag{9-16}$$

式中：R_m——参考椭球曲率半径；

D——地面两点间的距离；

S——椭球面两点大地线长度。

R_m 取地球平均曲率半径 6371 km，并考虑到 S 和 D 距离大致相等，推出如下公式：$H = y_0^2/(2\times6371)$ km。

设抵偿高程归化面大地高为 H'_m，则 $H'_m = H_m - H$。

例如，测区平均大地高程为 200 m，对于 $y_0 = 60$ km，则 $H = 283$ m，则抵偿高程归化面大地高 $H'_m = -83$ m。

按抵偿高程面建立工程坐标系的步骤如下：

① 国家统一高斯平面直角坐标根据高斯反算公式换算成大地坐标；

② 把大地坐标换算成同一基准下的空间直角坐标；

③ 空间直角坐标根据新的椭球参数（将原椭球长半轴加上 H'_m 得到新的长半轴，扁率不变）换算成大地坐标；

④ 大地坐标进行高斯投影换算成平面直角坐标系，此坐标系即为工程坐标系。

采用抵偿高程面建立工程坐标系时，长度变形完全被抵偿的只有测区的中点，且位于平均高程面上的边长，因为高斯投影长度变形的大小同测区的横坐标有关，所以抵偿坐标系必须有东西宽度的限制，设测区某边长两端点的横坐标绝对值平均数为 y_m，如果此边长满足长度变形小于 1/40 000 时，则有如下公式：

$$|y_m^2/2R_m^2 - y_0^2/2R_m^2| < 1/40\ 000, \tag{9-17}$$

R_m 取地球平均曲率半径 6371 km，化简得：

$$y_m^2 - y_0^2 < 2029。 \tag{9-18}$$

例如，测区中心国家 3°带的横坐标为 $y_0 = 60$ km，用抵偿高程面的方法建立工程坐标系使测区的中心变形完全被抵偿；但测区其他部分的长度变形不能完全被抵偿，依公式（9-18），可求得向东 $\Delta y = 15$ km，向西 $\Delta y = -20$ km，即由测区中心起限定最东边缘不得超过 15 km，最西边缘不得超过 20 km，此时抵偿坐标系的容许东西宽度为 35 km，如果超

出这个范围，虽然采用了抵偿坐标系，东西边缘的长度变形仍大于规定要求。由此可见，当勘测路线远离 3°带中央子午线，只有东西距离较短的路线才能选用抵偿高程面坐标系。

（三）高斯正形投影任意带平面直角坐标系

此种建立工程坐标系的方法是把地面观测结果归算到参考椭球面上，但投影带的中央子午线不按国家 3°带的划分方法，而是依据抵偿高程面归算长度变形而选择的某一条子午线作为中央子午线。设某勘测路线相对参考椭球面的大地高为 H_m，为使测区中心边长综合变形为零，设抵偿中央子午线距测区中心的距离为 y_m，则有如下公式：

$$y_m^2/2R_m^2 = H_m/R_m, \tag{9-19}$$

化简得：

$$y_m = \sqrt{2R_m H_m} \, 。 \tag{9-20}$$

任意投影带的中央子午线经度 L_0 可按如下两式计算：

$$L_1 = 180° \times y_m/R_m \cos B \pi \, ; \tag{9-21}$$

$$L_0 = L - L_1 \, 。 \tag{9-22}$$

式中：B, L ——测区中心位置的纬度和经度；

$\quad\quad R_m$ ——参考椭球曲率半径；

$\quad\quad L_1$ ——测区中心经度 L 与任意投影带的中央子午线经度 L_0 之差。

此种方法同样有东西宽度的限制，其计算方法同公式（9-18）。

（四）投影于高程抵偿面的高斯正形投影任意带平面直角坐标系

由于以上几种方法，如果测区离中央子午线距离较远时，则只有东西范围较短的测区才能使用，如果超过这个范围，则边长的变形将难以满足小于 1/40 000 变形的要求，所以为了使适用的范围增大，则需要选择投影于高程抵偿面的高斯正形投影任意带平面直角坐标系，选择的标准即为使适用测区的范围达到最大，在任意投影带高斯坐标系下，如果横坐标绝对值的平均值为 y_m 的边长综合变形为零，则任意横坐标绝对值的平均值为 y 的边长综合变形小于 1/40 000，必须满足如公式（9-17）所示条件注：y_m、y 不含加常数和投影带号。

为了计算方便将（9-17）式写为：

$$y^2 - y_m^2 < 2025, \tag{9-23}$$

解上面不等式有：

当 $y_m < 45$ 时，

$$\sqrt{2025 + y_m^2} > y > -\sqrt{2025 + y_m^2} \, ; \tag{9-24}$$

当 $y_m > 45$ 时，

$$\sqrt{2025 + y_m^2} > y > \sqrt{-2025 + y_m^2} \text{ 或 } -\sqrt{-2025 + y_m^2} < y < -\sqrt{-2025 + y_m^2} \, 。$$
$$\tag{9-25}$$

考虑到除使测区综合变形小于 1/40 000 外，还必须使测区是连续的，因为如果测区两端满足长度变形的限差要求，而中部不能满足长度变形限差的要求的工程坐标系是没有应用价值的，比较上述两个不等式可知：

当 $y_m=45$ km 时，可使测区的范围达到最大，此条件下求得向东 $\Delta y=63$ km，向西 $\Delta y=-63$ km，即由测区中心起限定东西边缘不超过 63 km，即投影带的宽度小于 126 km。当测区东西范围不超过 126 km 时，通过以下方法建立独立坐标系能够满足规范要求。

其步骤如下：

①选取测区中心经度作为任意带高斯投影中央子午线；

②此坐标系下使距离中央子午线 45 km 地段综合长度变形为零，求得抵偿高程归化面大地高为 H'_m；

③依据新的中央子午线和椭球高建立新的坐标系（参照前两种工程坐标系的建立方法）。

（五）假定平面直角坐标系

当测区控制面积小于 100 km² 时，可不进行方向和距离改正，直接把局部地球表面视为平面，建立独立的平面直角坐标系。这时，起算点坐标和起算方位角，最好能和国家网联系，如果联系有困难，可自行测定边长和方位，而起始点坐标可以假定。这种假定平面直角坐标系仅限于某种工程建筑施工使用。

将上述五种选择局部坐标系统的方法加以比较可以看出：第一种和最后一种使用起来简单，但应用范围受到限制；第二种方法是通过变更投影面来抵偿长度综合变形的，具有换算简便、概念直观等优点；第三种方法是通过变更中央子午线、选择任意带来抵偿长度综合变形的，同样具有概念清晰、换算简便的优点，但换系后的新坐标与原国家统一坐标系坐标差异较大；第四种方法是用既改变投影面，又改变投影带来抵偿长度综合变形的，这种方法不够简便、不易施行，也有换系后的新坐标与原国家统一坐标系坐标差异较大的问题，不利于和国家统一坐标系之间的联系；第五种没有考虑到椭球的大小，故只有当测区较小时，才可以使用。

综上所述，内容涵盖了工程坐标系统确立的最常见的 5 种方法，只要掌握勘测公路所处地理位置、路线通过区域海拔高度等线路实际特点，按照本任务中介绍的方法，建立恰当的坐标系统，就能使公路测量工作做到事半功倍。

项目小结

本项目主要介绍地球椭球及高斯投影计算的原理和方法，测量常用坐标系及其转换，导线外业地面观测元素（水平方向及斜距等）归算至椭球面上，将椭球面上观测元素归算到高斯平面上的方法，以及工程坐标系建立的原理和方法。本项目是控制测量的内业数据处理的基础知识。

思考题

1.野外测量的基准面、基准线各是什么？测量计算的基准面、基准线各是什么？为什么野外作业和内业计算要采取不同的基准面？

2. 写出参考椭球体的五个基本元素及相互间的关系。

3. 什么是地心坐标系，什么是参心坐标系，这两种坐标系有几种表示方法？

4. 我国目前常用的坐标系有哪几种？

5. 为什么要研究投影？我国目前采用的是何种投影？

6. 我们可采取什么原则对变形加以控制和运用？

7. 高斯投影应满足哪些条件？6°带和3°带的分带方法是什么？如何计算中央子午线的经度？

8. 为什么在高斯投影带上，某点的 y 坐标值有规定值与自然值之分，而 x 坐标值却没有这种区分？在哪些情况下应采用规定值？在哪些情况下应采用自然值？

9. 假定在我国有 3 个控制点的 Y 坐标分别为：18 643 257.13 m，38 425 614.70 m，20 376 851.00 m。试问：

(1) 它们是3°带还是6°带的坐标值？

(2) 各点所在带分别是哪一带？

(3) 各自中央子午线的经度是多少？

10. 高斯投影坐标计算公式包括正算公式和反算公式两部分，各解决什么问题？

11. 地心坐标系与参心坐标系的定义和区别是什么？

12. 不同空间直角坐标系的转换能解决哪些实际问题？

13. 说明三参数转换和七参数转换的区别和应用的场合都有哪些。

14. 地面上的观测斜距，化算至椭球面的距离，要进行哪几项改正，计算公式是什么？

15. 椭球面上的导线网投影至高斯平面，应进行哪几项计算？

16. 为何要建立工程坐标系，建立工程坐标系的实质是什么？

17. 建立工程坐标系的方法有哪几种，各适用于什么条件？

项目 10　控制网平差计算

[项目提要]

　　控制网平差计算主要包括概算、验算和平差等内容。概算是将方向观测值和距离观测值归算至高斯平面；验算是依控制网的几何条件观测质量；平差则是计算出各控制点的最或然坐标并进行精度评定。本项目主要介绍利用南方平差易软件进行平面、高程控制网的平差计算。

任务 10.1　平面控制网平差计算

　　下面主要介绍如何应用平差易软件进行导线平差计算。

一、平差易系统简介

　　平差易（Power Adjust 2005，简称 PA2005）是南方测绘公司在 Windows 系统下用 VC 开发的控制测量数据处理软件。该软件采用了 Windows 风格的数据输入技术和多种数据接口技术（南方系列产品接口、其他软件文件接口），同时辅以网图动态显示，实现了从数据采集、数据处理和成果打印的一体化。该软件成果输出功能丰富强大、多种多样，平差报告完整详细，报告内容也可根据用户需要自行订制，另有详细的精度统计和网形分析信息等。该软件界面友好，功能强大，操作简便，是控制测量理想的数据处理软件之一。

二、系统功能菜单

　　启动平差易的执行程序后即可进入平差易的主界面。主界面中包括测站信息区、观测信息区、图形显示区及顶部下拉菜单和工具条。PA2005 的操作界面主要分为两部分：顶部下拉菜单和工具条，如图 10-1 所示。

　　平差易的系统功能菜单与 Windows 系统下的应用软件的菜单基本相似，所有 PA2005 的功能都包含在顶部的下拉菜单中，可以通过操作平差易下拉菜单来完成平差计算的所有工作。例如文件读入和保存、平差计算、成果输出等。下面对各功能菜单及工具条进行简单介绍。

　　（1）文件菜单：本菜单包含文件的新建、打开、保存、导入、平差向导和打印等。

　　（2）编辑菜单：本菜单包括查找记录、删除记录。

　　（3）平差菜单：本菜单包括控制网属性、计算方案、闭合差计算、坐标推算、选择概算和平差计算等。

　　（4）成果菜单：本菜单包括精度统计、图形分析、CASS 输出、WORD 输出、略图输出和闭合差输出等。当没有平差结果时该对话框为灰色。

　　（5）窗口菜单：本菜单包括平差报告、网图、报表显示比例、平差属性、网图属性等。

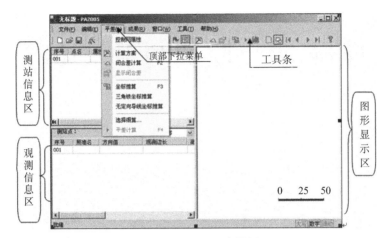

图 10-1　PA2005 主界面

（6）工具菜单：本菜单包括坐标换算、解析交会、大地正反算、坐标反算等。

（7）工具条：下拉菜单中的常用功能都汇集于工具条上，有：保存、打印、视图显示、平差和查看平差报告等功能。

三、平差易控制网数据处理过程

使用平差易做控制网平差计算，其操作步骤如下：

（1）控制网数据录入；

（2）坐标推算；

（3）坐标概算；

（4）选择计算方案；

（5）闭合差计算与检核；

（6）平差计算；

（7）平差报告的生成和输出。

作业流程图如图 10-2 所示。

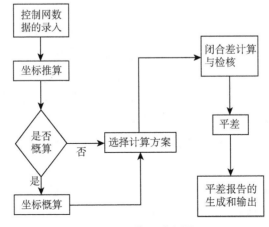

图 10-2　作业流程图

四、平差易平差的数据文件组织

平差易平差数据的录入分数据文件读入和直接键入两种。

(一) 平差易平差数据文件的编辑

平差易软件有其自己的专用平差数据格式，为此，在采用打开方式或向导平差方法进行平差时，必须完成其观测值数据文件的编辑工作。其文件格式是 txt，为纯文本文件，可以用记事本打开编辑此文件。

文件格式具体如下所示：

[NET]   ——文件头，保存控制网属性
Name：   ——控制网名
Organ：   ——单位名称
Obser：   ——观测者
Computer：   ——计算者
Recorder：   ——记录者
Remark：   ——备注
Software：南方平差易 2005   ——计算软件

[PARA]   ——文件头，保存控制网基本参数
MO：   ——验前单位权中误差
MS：   ——测距仪固定误差
MR：   ——测距仪比例误差
DistanceError：   ——边长中误差
DistanceMethod：   ——边长定权方式
LevelMethod：   ——水准定权方式
Mothed：   ——平差方法（0 表示单次平差，1 表示迭代平差）
LevelTrigon：   ——水准测量或三角高程测量
TrigonObser：   ——单向或对向观测
Times：   ——平差次数
Level：   ——平面网等级
Level1：   ——水准网等级
Limit：   ——限差倍数
Format：   ——格式（如：1 全部；2 边角等）

[STATION]   ——文件头，保存测站点数据
测站点名，点属性，X，Y，H，偏心距，偏心角
[OBSER]   ——文件头，保存观测数据

照准点，方向值，观测边长，高差，斜距，垂直角，偏心距，偏心角，零方向值

注意：[STATION] 中的点属性表示控制点的属性，00 表示高程、坐标都未知的点，01 表示高程已知坐标未知的点，10 表示坐标已知高程未知的点，11 表示高程坐标都已知的点。

在输入测站点数据和观测数据中，中间空的数据用“，”分隔，如果在最后一个数据后面已没有观测数据，可以省略“，”。例如观测数据：A，，100，1.023 表示照准点是 A 点，观测边长为 100 m，观测高差为 1.023 m。可以看出观测高差后的其余观测数据省略，而方向值用“，”分隔。

按此格式完整编辑好的数据文件，读入 PA2005 后，即可直接进行平差。用户也可不编辑 [NET]，[PARA] 的内容，只编辑 [STATION] 和 [OBSER] 的内容，将数据读入到 PA2005 中后，在 PA2005 中进行诸如网名、平差次数等参数的设置，设置完后再进行平差计算。

（二）平差易控制网平差数据的手工输入

PA2005 为手工数据键入提供了一个电子表格，以“测站”为基本单元进行操作，键入过程中 PA2005 将自动推算其近似坐标和绘制网图。如图 10-3 所示。

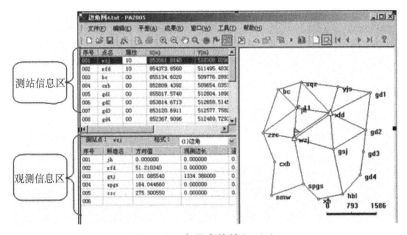

图 10-3 电子表格输入（1）

下面介绍如何在电子表格中输入数据。首先，在测站信息区中输入已知点信息（点名、属性、坐标）和测站点信息（点名）；然后，在观测信息区中输入每个测站点的观测信息。如图 10-4 所示。

（1）测站信息数据的录入

①“序号”：指已输测站点个数，它会自动叠加。

②“点名”：指已知点或测站点的名称。

③“属性”：用以区别已知点与未知点：00 表示该点是未知点，10 表示该点是有平面坐标而无高程的已知点，01 表示该点是无平面坐标而有高程的已知点，11 表示该已知点既有平面坐标也有高程。

④“X、Y、H”：分别指该点的纵、横坐标及高程。

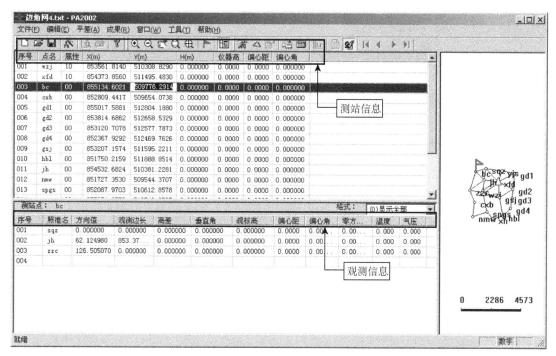

图10-4　电子表格输入（2）

⑤ "仪器高"：指该测站点的仪器高度，它只有在三角高程的计算中才使用。

⑥ "偏心距、偏心角"：指该点测站偏心时的偏心距和偏心角（不需要偏心改正时则可不输入数值）。

（2）观测信息录入

观测信息与测站信息是相互对应的，当某测站点被选中时，观测信息区中就会显示当该点为测站点时所有的观测数据。故当输入了测站点时需要在观测信息区的电子表格中输入其观测数值。第一个照准点即为定向，其方向值必须为0，而且定向点必须是唯一的。

① "照准名"：指照准点的名称。

② "方向值"：指观测照准点时的方向观测值。

③ "观测边长"：指测站点到照准点之间的平距（在观测边长中只能输入平距）。

④ "高差"：指测站点到观测点之间的高差。

⑤ "垂直角"：指以水平方向为零度时的仰角或俯角。

⑥ "觇标高"：指测站点观测照准点时的棱镜高度。

⑦ "偏心距、偏心角、零方向角"：指该点照准偏心时的偏心距和偏心角（不需要偏心改正时则可不输入数值）。

⑧ "温度"：指测站点观测照准点时的当地实际温度。

⑨ "气压"：指测站点观测照准点时的当地实际气压（温度和气压只参入概算中的气象改正计算）。

五、导线数据输入实例

这是一条附合导线的测量数据和简图，A、B、C和D是已知坐标点，2、3和4是待测的控制点。

原始测量数据如表10-1。

表 10-1 导线原始数据表

测站点	角度（° ′ ″）	距离（m）	X（m）	Y（m）
B			8345.8709	5216.6021
A	85.30211	1474.4440	7396.2520	5530.0090
2	254.32322	1424.7170		
3	131.04333	1749.3220		
4	272.20202	1950.4120		
C	244.18300		4817.6050	9341.4820
D			4467.5243	8404.7624

导线图10-5如下。

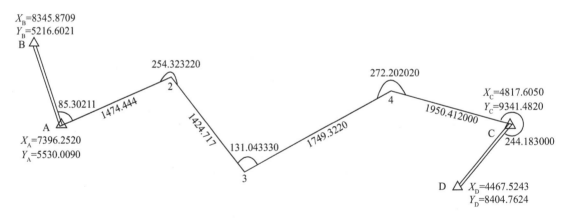

图 10-5 导线图

在平差易软件中输入以上数据，如图10-6所示。

在测站信息区中输入 A、B、C、D、2、3 和 4 号测站点，其中 A、B、C、D 为已知坐标点，其属性为 10，其坐标见"原始数据表"；2、3、4 点为待测点，其属性为 00，其他信息为空。如果要考虑温度、气压对边长的影响，就需要在观测信息区中输入每条边的实际温度、气压值，然后通过概算来进行改正。

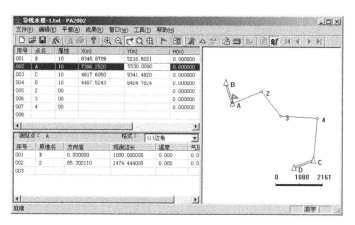

图 10-6　数据输入

根据控制网的类型选择数据输入格式，此控制网为边角网，选择边角格式。如图 10-7 所示。

图 10-7　选择格式

在观测信息区中输入每一个测站点的观测信息，为了节省空间只截取观测信息的部分表格示意图。

B、D 作为定向点，它没有设站，所以无观测信息，但在测站信息区中必须输入它们的坐标。

以 A 为测站点，B 为定向点时（定向点的方向值必须为零），照准 2 号点的数据输入如图 10-8 所示。

测站点：	A		格式：	(1)边角	
序号	照准名	方向值	观测边长	温度	气压
001	B	0.000000	1000.000000	0.000	0.000
002	2	85.302110	1474.444000	0.000	0.000

图 10-8　测站 A 的观测信息

以 C 为测站点，以 4 号点为定向点时，照准 D 点的数据输入如图 10-9 所示。

测站点：	C		格式：	(1)边角	
序号	照准名	方向值	观测边长	温度	气压
001	4	0.000000	0.000000	0.000	0.000
002	D	244.183000	1000.000000	0.000	0.000

图 10-9　测站 C 的观测信息

2 号点作为测站点时，以 A 为定向点，照准 3 号点，如图 10-10 所示。

测站点：	2		格式：	(1)边角	
序号	照准名	方向值	观测边长	温度	气压
001	A	0.000000	0.000000	0.000	0.000
002	3	254.323220	1424.717000	0.000	0.000

图 10-10　测站 2 的观测信息

3 号点为测站点，以 2 号点为定向点时，照准 4 号点的数据输入如图 10-11 所示。

测站点：3			格式：	(1)边角	▼
序号	照准名	方向值	观测边长	温度	气压
001	2	0.000000	0.000000	0.000	0.000
002	4	131.043330	1749.322000	0.000	0.000

图 10-11 测站 3 的观测信息

以 4 号点为测站点，以 3 号点为定向点时，照准 C 点的数据输入如图 10-12 所示。

测站点：4			格式：	(1)边角	▼
序号	照准名	方向值	观测边长	温度	气压
001	3	0.000000	0.000000	0.000	0.000
002	C	272.202020	1950.412000	0.000	0.000

图 10-12 测站 4 的观测信息

说明：①数据为空或前面已输入过时可以不输入（对向观测例外）；②在电子表格中输入数据时，所有零值可以省略不输。

以上数据输入完后，点击菜单"文件\另存为"，将输入的数据保存为平差易数据格式文件：

［STATION］（测站信息）

B，10，8345.870900，5216.602100

A，10，7396.252000，5530.009000

C，10，4817.605000，9341.482000

D，10，4467.524300，8404.762400

2，00

3，00

4，00

［OBSER］（观测信息）

A，B，，1000.0000

A，2，85.302110，1474.4440

C，4

C，D，244.183000，1000.0000

2，A

2，3，254.323220，1424.7170

3，2

3，4，131.043330，1749.3220

4，3

4，C，272.202020，1950.4120

上面［STATION］（测站点）是测站信息区中的数据，［OBSER］（照准点）是观测信息区中的数据。

六、平差计算

点击菜单"平差\平差计算"即可进行控制网的平差计算。如图 10-13 所示。

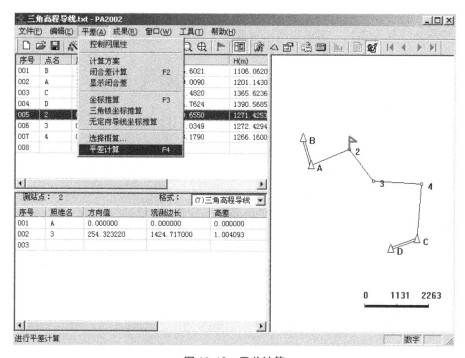

图 10-13　平差计算

平面网可按"方向"或"角度"进行平差，它根据验前单位权中误差（单位：度分秒）和测距的固定误差及比例误差来计算。

七、平差报告的生成与输出

(一)精度统计表

点击菜单"成果\精度统计"即可进行该数据的精度分析。

精度统计主要统计在某一误差分配的范围内点的个数。在此直方图统计表中可以看出在误差 2~3 cm 区分配的点最多为 11 个点，在 0~1 cm 区分配的点有 3 个。

(二)网形分析

点击菜单"成果\网形分析"即可进行网形分析。

最弱信息：最弱点（离已知点最远的点）、最弱边（离起算数据最远的边）。

边长信息：总边长、平均边长、最短边长、最大边长。

角度信息：最小角度、最大角度（测量的最小或最大夹角）。

(三)平差报告

平差报告包括控制网属性、控制网概况、闭合差统计表、方向观测成果表、距离观测成果表、高差观测成果表、平面点位误差表、点间误差表、控制点成果表等。也可根据自己的需要选择显示或打印其中某一项，成果表打印时其页面也可自由设置。它不仅能在 PA2005 中浏览和打印，还可输入到 Word 中进行保存和管理。

输出平差报告之前可进行报告属性的设置。设置内容有：成果输出：统计页、观测值、精度表、坐标表、闭合差等，需要打印某种成果表时就在相应的成果表前打"√"即可。

任务 10.2 高程控制网平差计算

目前，无论是水准网还是三角高程控制网的平差计算都采用专用的测绘数据处理软件完成，下面以南方平差易软件为例，分别介绍水准网与三角高程控制网的平差方法。

一、水准网平差计算

表 10-2 和图 10-14 为一条符合水准的测量数据和简图，A 和 B 是已知高程点，2、3 和 4 是待测的高程点。图 10-14 中 h 为高差。

表 10-2　水准原始数据表

测站点	高差（m）	距离（m）	高程（m）
A	−50.440	1474.4440	96.0620
2	3.252	1424.7170	
3	−0.908	1749.3220	
4	40.218	1950.4120	
B			88.1830

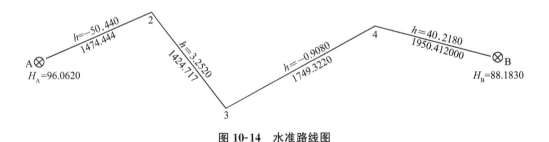

图 10-14　水准路线图

在平差易中输入以上数据，如图 10-15 所示。

在测站信息区中输入 A、B、2、3 和 4 号测站点，其中 A、B 为已知高程点，其属性为 01，其高程如"水准原始数据表"中所示；2、3、4 点为待测高程点，其属性为 00，其他信息为空。因为没有平面坐标数据，故在平差易软件中没有网图显示。

根据控制网的类型选择数据输入格式，此控制网为水准网，选择水准格式，如图 10-16

所示。

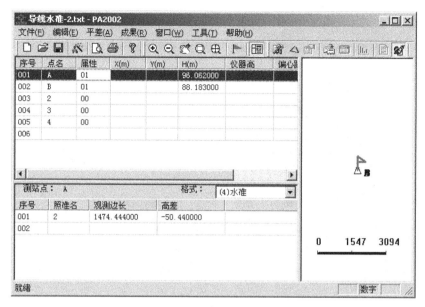

图 10-15 水准数据输入

图 10-16 选择格式

注意：

（1）在"计算方案"中要选择"一般水准"，而不是"三角高程"。

"一般水准"所需要输入的观测数据为观测边长和高差。

"三角高程"所需要输入的观测数据为观测边长、垂直角、站标高和仪器高。

（2）在一般水准的观测数据中输入了测段高差就必须要输入相对应的观测边长，否则平差计算时该测段的权为零，而导致计算结果错误。

在观测信息区中输入每一组水准观测数据。

测段 A 点至 2 号点的观测数据输入（观测边长为平距）如图 10-17 所示。

测站点：	A		格式：	(4)水准
序号	照准名	观测边长	高差	
001	2	1474.444000	-50.440000	

图 10-17 测段 A 点—2 号点观测数据

测段 2 号点至 3 号点的观测数据输入如图 10-18 所示。

测站点：	2		格式：	(4)水准
序号	照准名	观测边长	高差	
001	3	1424.717000	3.252000	

图 10-18 测段 2 号点—3 号点观测数据

测段 3 号点至 4 号点的观测数据输入如图 10-19 所示。

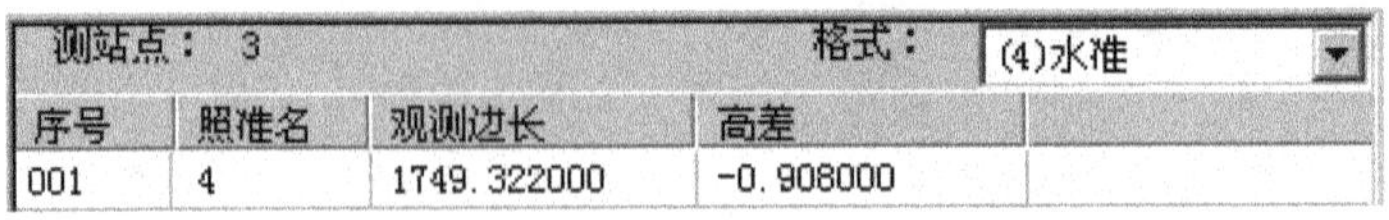

测站点：3			格式：(4)水准	
序号	照准名	观测边长	高差	
001	4	1749.322000	-0.908000	

图 10-19　测段 3 号点—4 号点观测数据

测段 4 号点至 B 点的观测数据输入如图 10-20 所示。

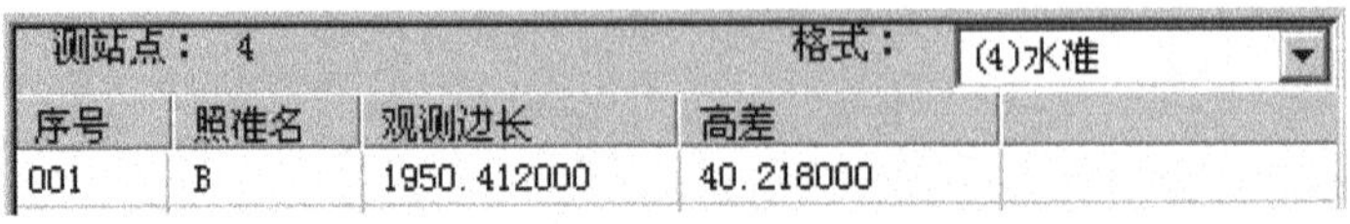

测站点：4			格式：(4)水准	
序号	照准名	观测边长	高差	
001	B	1950.412000	40.218000	

图 10-20　测段 4 号点—B 点观测数据

以上数据输入完后，点击菜单"文件\另存为"，将输入的数据保存为平差易数据格式文件：

[STATION]

A，01，，，96.062000

B，01，，，88.183000

2，00

3，00

4，00

[OBSER]

A，2，，1474.444000，−50.4400

2，3，，1424.717000，3.2520

3，4，，1749.322000，−0.9080

4，B，，1950.412000，40.2180

二、三角高程控制网平差计算

表 10-3 和图 10-21 是三角高程的测量数据和简图，A 和 B 是已知高程点，2、3 和 4 是待测高程点。图 10-21 中 r 为垂直角。

表 10-3　三角高程原始数据表

测站点	距离（m）	垂直角（°′″）	仪器高（m）	觇标高（m）	高程（m）
A	1474.4440	1.0440	1.30		96.0620
2	1424.7170	3.2521	1.30	1.34	
3	1749.3220	−0.3808	1.35	1.35	
4	1950.4120	−2.4537	1.45	1.50	
B				1.52	95.9716

A
H_A=96.0620
r=1.0440
1474.444
2
r=3.2521
1424.717
3
r=−0.3808
1749.3220
4
r=−2.4527
1950.412000
B
H_B=88.1830

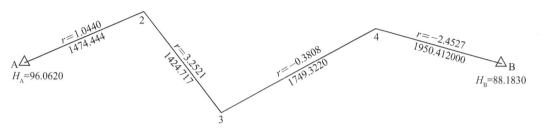

图 10-21　三角高程路线图

在平差易中输入以上数据，如图 10-22 所示。

导线水准-3.txt - PA2002
文件(F) 编辑(E) 平差(A) 成果(R) 窗口(W) 工具(T) 帮助(H)
序号 点名 属性 X(m) Y(m) H(m) 仪器高 偏心距
001 A 01 96.0620 1.3000
002 B 01 95.9716 0.0000
003 2 00 123.9040 1.3000
004 3 00 209.1931 1.3500
005 4 00 189.6317 1.4500
006
测站点： A
格式： (5)三角高程
序号 照准名 观测边长 高差 垂直角 觇标高
001 2 1474.444000 27.842040 1.044000 1.340000
002
0 1547 3094
就绪
数字

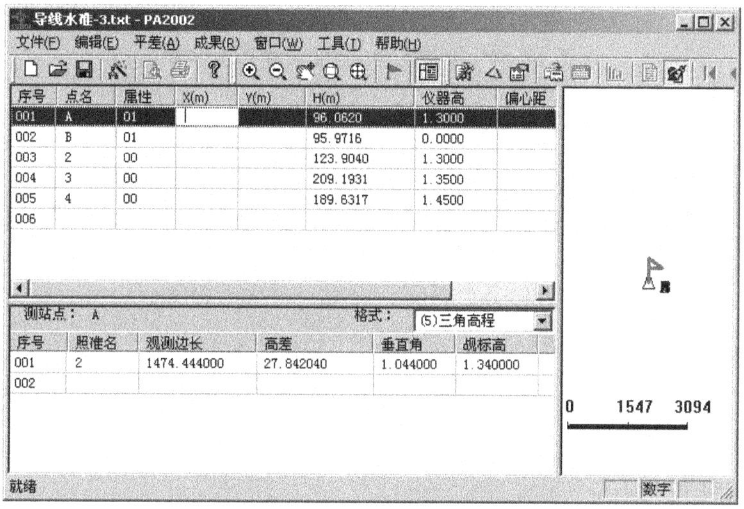

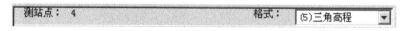

图 10-22　三角高程数据输入

在测站信息区中输入 A、B、2、3 和 4 号测站点，其中 A、B 为已知高程点，其属性为 01，其高程如“三角高程原始数据表”中所示；2、3、4 点为待测高程点，其属性为 00，其他信息为空。因为没有平面坐标数据，故在平差易软件中也没有网图显示。

此控制网为三角高程，选择三角高程格式。如图 10-23 所示。

测站点： 4
格式： (5)三角高程

图 10-23　选择格式

注意：在“计算方案”中要选择“三角高程”，而不是“一般水准”。

在观测信息区中输入每一个测站的三角高程观测数据。

测段 A 点至 2 号点的观测数据输入如图 10-24 所示。

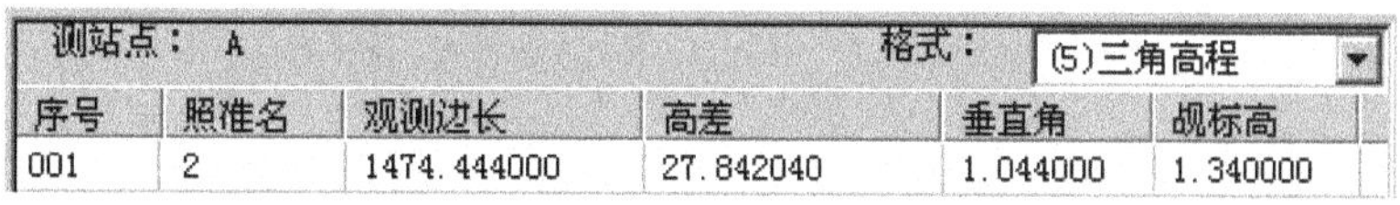

测站点： A
格式： (5)三角高程
序号 照准名 观测边长 高差 垂直角 觇标高
001 2 1474.444000 27.842040 1.044000 1.340000

图 10-24　测段 A 点—2 号点观测数据

测段 2 号点至 3 号点的观测数据输入如图 10-25 所示。

测站点：2				格式：	(5)三角高程 ▼
序号	照准名	观测边长	高差	垂直角	觇标高
001	3	1424.717000	85.289093	3.252100	1.350000

图 10-25　测段 2 号点—3 号点观测数据

测段 3 号点至 4 号点的观测数据输入如图 10-26 所示。

测站点：3				格式：	(5)三角高程 ▼
序号	照准名	观测边长	高差	垂直角	觇标高
001	4	1749.322000	-19.353448	-0.380800	1.500000

图 10-26　测段 3 号点—4 号点观测数据

测段 4 号点至 B 点的观测数据输入如图 10-27 所示。

测站点：4				格式：	(5)三角高程 ▼
序号	照准名	观测边长	高差	垂直角	觇标高
001	B	1950.412000	-93.760085	-2.452700	1.520000

图 10-27　测段 4 号点—B 点观测数据

以上数据输入完后，点击"文件＼另存为"，将输入的数据保存为平差易格式文件为：

[STATION]

A，01，，，96.062000，1.30

B，01，，，95.97160，

2，00，，，，1.30

3，00，，，，1.35

4，00，，，，1.45

[OBSER]

A，2，，1474.444000，27.842040，，1.044000，1.340

2，3，，1424.717000，85.289093，，3.252100，1.350

3，4，，1749.322000，−19.353448，，−0.380800，1.500

4，B，，1950.412000，−93.760085，，−2.452700，1.520

平差易软件中也可进行导线水准和三角高程导线的平差计算，数据输入的方法与上述的几乎一样，但要注意将控制网的类型格式选择为"(6) 导线水准"或"(7) 三角高程导线"。

以上介绍了电子表格的数据录入方法。为了便于讲解 PA2005 的平差操作全过程，这里我们以 Demo 下的"三角高程导线.txt"文件为例讲解平差操作过程。

（一）打开数据文件

点击菜单"文件＼打开"，在图 10-28"打开文件"对话框中找到"三角高程导线.txt"。

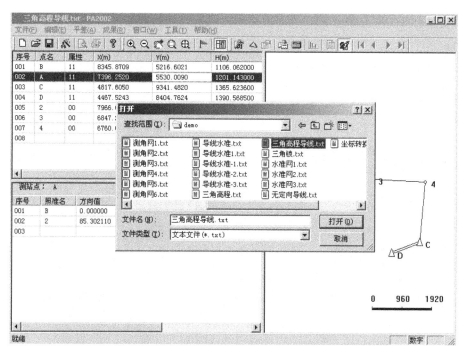

图 10-28　打开文件

（二）近似坐标推算

根据已知条件（测站点信息和观测信息）推算出待测点的近似坐标，为构成动态网图和导线平差做基础。

点击菜单"平差 \ 坐标推算"即可进行坐标的推算。如图 10-29 所示。

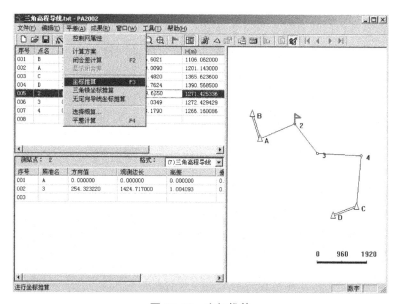

图 10-29　坐标推算

注意：每次打开一个已有数据文件时，PA2005 会自动推算各个待测点的近似坐标，并把近似坐标显示在测站信息区内。当有数据输入或修改原始数据时则需要用此功能重新进行坐标推算。

（三）选择概算

主要对观测数据进行一系列的改化，根据实际的需要来选择其概算的内容并进行坐标的概算。如图 10-30 所示。

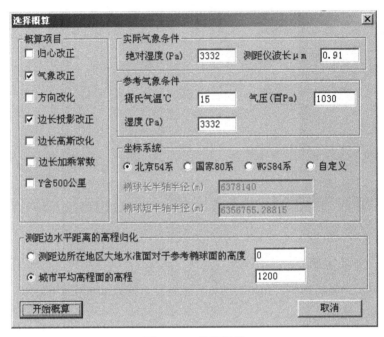

图 10-30　选择概算

选择概算的项目有：归心改正、气象改正、方向改化、边长投影改正、边长高斯改化、边长加乘常数改正和 Y 含 500 千米。需要参入概算时就在项目前打"√"即可。

（1）归心改正

归心改正根据归心元素对控制网中的相应方向做归心计算。在平差易软件中只有在输入了测站偏心或照准偏心的偏心角和偏心距等信息时才能够进行此项改正。如没有进行偏心测量，则概算时就不进行此项改正。

（2）气象改正

气象改正就是改正测量时温度、气压和湿度等因素对测距边的影响。

注意：如果外业作业时已经对边长进行了气象改正或忽略气象条件对测距边的影响，那么就不用选择此项改正。如果选择了气象改正就必须输入每条观测边的温度和气压值，否则会将每条边的温度和气压分别当作零来处理。

（3）方向改化

将椭球面上方向值归算到高斯平面上。

（4）边长投影改正

边长投影改正的方法有两种：一种为已知测距边所在地区大地水准面对于参考椭球面的

高度而对测距边进行投影改正；另一种为将测距边投影到城市平均高程面的高程上。

（5）边长高斯改化

边长高斯改化也有两种方法，它是根据"测距边水平距离的高程归化"的选择不同而不同。

（6）边长加乘常数改正

利用测距仪的加乘常数对测距边进行改正。

（7）Y 含 500 千米

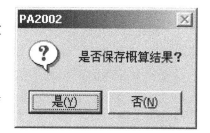

若 Y 坐标包含了 500 千米常数，则在高斯改化时，软件将 Y 坐标减去 500 千米后再进行相关的改化和平差。

（8）坐标系

54 系（1954 年坐标系）、80 系（1980 年坐标系）、84 系（1984 年坐标系）。

概算结束后提示如图 10-31 所示。

图 10-31　概算结束后提示

点击"是"后，可将概算结果保存为 txt 文本。

（四）计算方案的选择

选择控制网的等级、参数和平差方法。

注意：对于同时包含了平面数据和高程数据的控制网，如三角网和三角高程网并存的控制网，一般处理过程应为：先进行平面网处理，然后在高程网处理时，PA2005 会使用已经较为准确的平面数据（如距离等）来处理高程数据。对精度要求很高的平面高程混合网，您也可以在平面和高程处理间多次切换，迭代出精确的结果。

点击菜单"平差 \ 平差方案"即可进行参数的设置，如图 10-32 所示。

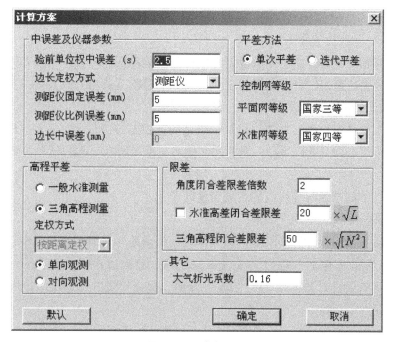

图 10-32　参数设置

（1）选择平面控制网的等级

PA2005 提供的平面控制网等级有：国家二等、三等、四等，城市一级、二级，图根及自定义。此等级与它的验前单位权中误差是一一对应的。

（2）边长定权方式

包括测距仪、等精度观测和自定义。根据实际情况选择定权方式。

①测距仪定权：通过测距仪的固定误差和比例误差计算出边长的权。

"测距仪固定误差"和"测距仪比例误差"是测距仪的检测常数，它是根据测距仪的实际检测数值（单位：mm）来输入的（此值不能为零或空）。

②等精度观测：各条边的观测精度相同，权也相同。

③自定义：自定义边长中误差。此中误差为整个网的边长中误差，它可以通过每条边的中误差来计算。

闭合差计算限差倍数：闭合导线的闭合差容许超过限差（$M \times \sqrt{N}$）的最大倍数。

水准高差闭合差限差：规范容许的最大水准高差闭合差。其计算公式：$n \times \sqrt{L}$，其中 n 为可变的系数，L 为闭合路线总长，以千米为单位。如果在"水准高差闭合差限差"前打"√"，可输入一个高程固定值作为水准高差闭合差。

三角高程闭合差限差：规范容许的最大三角高程闭合差。其计算公式：$n \times \sqrt{[N^2]}$，其中 n 为可变的系数，N 为测段长，以千米为单位，$[N^2]$ 为测段距离平方和。

大气折光系数：改正大气折光对三角高程的影响，其计算公式：$\Delta H = \frac{1-K}{2R} S^2$，其中 K 为大气垂直折光系数（一般为 0.10～0.14），S 为两点之间的水平距离，R 为地球曲率半径。此项改正只对三角高程起作用。

（五）闭合差计算与检核

根据观测值和"计算方案"中的设定参数来计算控制网的闭合差和限差，从而来检查控制网的角度闭合差或高差闭合差是否超限，同时检查分析观测粗差或误差。点击"平差\闭合差计算"，如图 10-33 所示。

左边的闭合差计算结果与右边的控制网图是动态相连的（右边图中软件用红色表示闭合导线或中点多边形，即 A 到 C 段），它将数和图有机地结合在一起，使计算更加直观、检测更加方便。

闭合差：表示该导线或导线网的观测角度闭合差。

权倒数：即是导线测角的个数。

限差：其值为权倒数开方×限差倍数×单位权中误差（平面网为测角中误差）。

对导线网，闭合差信息区包括 fx、fy、fd、k、最大边长、平均边长及角度闭合差等信息。若为无定向导线则无 fx、fy、fd、k 等项。闭合导线中若边长或角度输入不全也没有 fx、fy、fd、k 等项。

在闭合差计算过程中"序号"前面"!"表示该导线或网的闭合差超限，"√"表示该导线或网的闭合差合格。"×"则表示该导线没有闭合差。

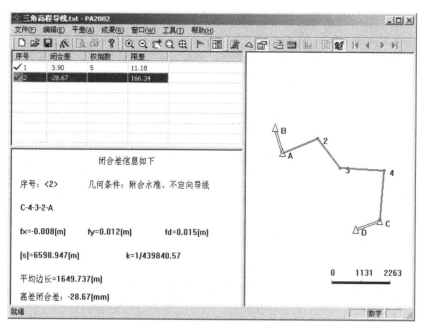

图 10-33 闭合差计算

注意：

闭合导线中没有 fx、fy、fd、$[s]$、k 和平均边长的原因为该闭合导线数据输入中边长或角度输入不全（要输入所有的边长和角度）。

通过闭合差可以检核闭合导线是否超限，甚至可检查到某个点的角度输入是否有错。

─── 项目小结 ───

本项目主要介绍利用南方平差易进行导线网、水准网的平差计算。

─── 思考题 ───

1. 使用南方平差易软件处理控制网时，用以区别已知点（有平面坐标而无高程的已知点，无平面坐标而有高程的已知点，既有平面坐标也有高程的已知点）与未知点的属性应当如何设置？

2. 使用南方平差易软件处理闭合导线时，起算方位角通过何种方式录入？

控制测量技术总结

项目 11　控制测量技术总结

[项目提要]

　　本项目主要阐述了控制测量技术设计的一般规定与基本原则、控制测量技术设计包括的内容、控制测量技术总结的各项内容，同时介绍了技术设计、技术总结的实例。通过本项目的学习，学生能独立完成控制测量技术设计、控制测量技术总结的撰写。

任务 11.1　控制测量技术总结的编制

　　在完成测绘生产任务的外业观测与内业计算之后，必须编写测绘技术总结，以对控制测量工作的完成情况和技术设计的执行情况进行全面总结。国家于 1991 年颁布国家行业标准《测绘技术总结编写规定》CH 1001—1991，并于 2005 年对其进行了修改及颁布，即中华人民共和国测绘行业标准《测绘技术总结编写规定》CH/T 1001—2005，以替代 CH 1001—1991，并于 2006 年 1 月 1 日开始实施。

　　测绘技术总结是在测绘任务完成后，对测绘技术设计文件和技术标准、规范等的执行情况，技术设计方案实施中出现的主要技术问题和处理方法，成果（或产品）质量、新技术的应用等进行分析研究、认真总结，并做出的客观描述和评价。测绘技术总结为用户（或下工序）的合理使用提供方便，为测绘单位持续质量改进提供依据，同时也为测绘技术设计、有关技术标准、有关技术标准、规定的制定提供资料。测绘技术总结是与测绘成果（或产品）有直接关系的技术性文件，是长期保存的技术性档案。

　　测绘技术总结分项目总结和专业技术总结。专业技术总结是测绘项目中所包含的各测绘专业活动在其成果（或产品）检查合格后，分别总结撰写的技术文档。专业技术总结所包含的测绘专业活动范畴及各测绘专业活动的作业内容遵照《测绘技术设计规定》CH/T 1004—2005 中 5.3.3 节内容的规定。项目总结是一个测绘项目在其最终结果（或产品）检查合格后，在各专业技术总结的基础上，对整个项目所做的技术总结。对于工作量较小的项目，可根据需要将项目总结和专业技术总结合并为项目总结。

项目总结由承担项目的法人单位负责编写或组织编写；专业技术总结由具体承担相应测绘专业任务的法人单位负责编写。具体的编写工作通常由单位的技术人员承担。技术总结编写完成后，单位总工程师或技术负责人应对技术总结编写的客观性、完整性等进行审核并签字，并对技术总结编写的质量负责。技术总结经审核、签字后，随测绘成果（或产品）、测绘技术设计文件和成果（或产品）检查报告一并上交和归档。

一、测绘技术总结编写的主要依据

（1）测绘任务书或合同的有关要求，顾客书面要求或口头要求的记录，市场的需求或期望。

（2）测绘技术设计文件、相关的法律、法规、技术标准和规范。

（3）测绘成果（或产品）的质量检查报告。

（4）适用时，以往测绘技术设计、测绘技术总结提供的信息及现有生产过程和产品的质量记录和有关数据。

（5）其他有关文件的资料。

二、测绘技术总结的编写应做到

（1）内容真实、全面，重点突出。说明和评价技术要求的执行情况时，不应简单抄录设计书中的有关技术要求，应重点说明作业过程中出现的主要技术问题和处理方法、特殊情况的处理及其达到的效果、经验、教训和遗留问题等。

（2）文字应简明扼要，公式、数据和图表应准确，名词、术语、符号和计量单位等均应与有关法规和标准一致。

任务 11.2 控制测量技术总结实例

实例一：沈阳市地铁九号线一期精密导线测量专业技术总结

一、概况

（一）工程简介

×××勘察测绘院受沈阳地铁集团有限公司委托，承担沈阳市地铁九号线一期精密导线测量任务。

沈阳市地铁九号线一期（怒江公园站—石庙子站）线路呈西半环，北起怒江公园西侧，由北向南沿西江街、淮河街、兴华街、艳粉街、腾飞二街走行，下穿揽军路公铁桥后，沿细河路向西走行至大通湖街左转，沿大通湖街向南，穿过浑河进入曹仲地区，穿哈大客专高架桥后，沿浑河大道向东，行至石庙子，途经皇姑区、铁西区、于洪区、和平区、东陵区（浑南新区），与地铁网规划中的其他九条轨道有十三处交叉换乘。

一期工程全部为地下线，共设 28 站。全长 37.2 km。

为满足工程建设需要，在地铁九号线一期首级 GPS 平面控制网的基础上布设地铁九号线一期精密导线。本次工程于 2012 年 10 月 10 日至 10 月 28 日完成全部工作。

（二）已有控制资料

采用 21 个 GPS 首级成果，作为本次精密导线的起算数据。

（三）作业依据

《城市轨道交通工程测量规范》GB 50308－2008；

《全球定位系统（GPS）测量规范》GB/T 18314—2009；

《工程测量规范》GB 50026—2007；

《卫星定位城市测量技术规范》CJJ/T 73—2010；

《测绘成果质量检查与验收》GB/T 24356—2009；

沈阳市地铁九号线一期工程线路平面示意图及设计资料。

（四）仪器设备

本次工程采用徕卡 TCRP1201＋（编号：266653）全站仪进行测量，其测角精度为：1 秒，测距精度为：1 mm＋1.5 ppm・D。

该仪器经测绘仪器计量站检定合格。

（五）工作量

沈阳市地铁九号线一期精密导线工程，由 9 段附合导线组成，共布设新导线点 60 个，已知首级 GPS 点 21 个，共观测 79 站。具体工作量如下：

（1）（G9041—G 轻轨 22）段，6 个导线点，4 个 GPS 点；

（2）（G 出口加工区厂房—G 恒大）段，5 个导线点，4 个 GPS 点；

（3）（G9018—G 出口加工区机关楼）段，21 个导线点，4 个 GPS 点；

（4）（G 新加坡城—G9017）段，7 个导线点，4 个 GPS 点；

（5）（G 胜利南街—G2 层厂房）段，4 个导线点，4 个 GPS 点；

（6）（G 水源地—G 玛丽蒂姆）段，8 个导线点，4 个 GPS 点；

（7）（G 国惠新能源—G 宏发家具）段，3 个导线点，4 个 GPS 点；

（8）（GMOMA 大厦—G 红星美凯龙）段，3 个导线点，4 个 GPS 点；

（9）（G 新湖小区—G 明华西江俪园）段，3 个导线点，5 个 GPS 点。

二、外业观测

1. 采用徕卡 TCRP1201＋型全站仪，只有 2 个方向的，按左、右角方法进行观测，水平角度观测 4 个测回，距离观测 2 个测回，垂直角观测 2 个测回；3 个方向的，按方向观测法进行观测。

2. 观测水平角时，半测回归零差小于 6″，一测回内 $2c$ 较差小于 9″，同一方向值各测回较差小于 6″，特别是按左、右角法观测时，左、右角平均值之和与 360° 的较差应小于 4″；观测距离时，每测回读数 4 次，一测回读数间的较差应小于 3 mm，测回间平均值的较差应小于 4 mm，往返测或不同时段观测结果较差小于 2 $(a+bd)$。

注：在实际测量工作中发现：在施测边垂直角较大、边长较远时，直接测设水平距离，对向观测距离较差很难满足限差要求，经与沈总工办沟通，经总工办认可，在对向较差满足限差要求时，可采用平距测量，其他部分采用斜距测量，因此外业观测手簿中存在有平距也有斜距的情况。

3. 仪器及反光镜必须严格对中、整平，对点中误差小于 1 mm。

4. 气压记、干湿温度记，放置仪器附近一段时间后，在进行距离测量时，输入气压、温度、湿度。

5. 由于大部分导线点位都布设在楼顶，边长归化用高程以×××勘察测绘研究院提供的部分点 GPS 高程为起算数据进行三角高程传递获得测站点近似高程，以进行距离改化。

6. 详细认真记录外业观测手簿。

注：在外业观测过程中发现一些点位的通视条件不好，存在视线离障碍物或热源距离较近的情况；个别点位的观测环境不好，如观测环境狭窄、地面不稳定等情况。这些问题对导线的外业观测和导线的精度有一定的影响。

三、内业计算平差及精度分析

经过计算，各段导线角度闭合差及全长相对闭合差等全部满足技术设计限差要求。

测距边的水平距离的高程归化和投影改化按《城市轨道交通工程测量规范》GB 50308—2008 中 3.3 章节进行。经与总工办沟通，确定在西安 1980 坐标系统下，测区的纬度为 41.8°，曲率半径为 $R=6375.717$ km，测区的高程异常 $h=10.82$ m。平差采用"平差易 2005"软件。

精度评定如表 11-1~表 11-3。

表 11-1　精度评定（1）

测段	G9041—G 轻轨 22 段	G 出口加工区厂房—G 恒大 段	G9018—G 出口加工区机关楼 段	G 新加坡城—G9017 段
导线（网）总长（km）	2.9	4.0	9.4	4.0
平均边长（m）	416.74	668.66	425.83	500.62
测角中误差（″）	0.04	1.21	0.35	0.06

测段	G9041—G 轻轨 22 段	G 出口加工区厂房—G 恒大 段	G9018—G 出口加工区机关楼 段	G 新加坡城—G9017 段
测角中误差限差（″）	±2.5	±2.5	±2.5	±2.5
方位角闭合差（″）	−0.11	3.21	1.67	−0.19
方位角闭合差限差（″）	±14.14	±13.23	±23.98	±15.00
全长相对闭合差	1/12.0 万	1/30.1 万	1/11.9 万	1/16.0 万
全长相对闭合差限差	1/3.5 万	1/3.5 万	1/3.5 万	1/3.5 万
相邻点相对点位中误差（mm）	4.7	6.6	7.4	4.8
相邻点相对点位中误差限差（mm）	8.6	13.8	8.7	10.3
最弱点点位中误差（mm）	4.8	5.3	13.6	5.0
最弱点点位中误差限差（mm）	20.0	20.0	20.0	20.0

表 11-2　精度评定（2）

测段	G 胜利南街—G2 层厂房 段	G 水源地—G 玛丽蒂姆 段	G 国惠新能源—G 宏发家具 段	GMOMA 大厦—G 红星美凯龙 段
导线（网）总长（km）	2.6	3.4	3.2	2.6
平均边长（m）	529.61	381.53	812.28	637.96
测角中误差（″）	0.04	1.74	1.52	0.73
测角中误差限差（″）	±2.5	±2.5	±2.5	±2.5
方位角闭合差（″）	0.11	5.52	3.4	−1.64
方位角闭合差限差（″）	±12.25	±15.81	±11.18	±11.18
全长相对闭合差	1/8.3 万	1/31.9 万	1/9.7 万	1/20.8 万
全长相对闭合差限差	1/3.5 万	1/3.5 万	1/3.5 万	1/3.5 万
相邻点相对点位中误差（mm）	9.1	4.9	9.7	3.8
相邻点相对点位中误差限差（mm）	10.9	8	16.7	13.2
最弱点点位中误差（mm）	7.4	6.0	7.5	2.9
最弱点点位中误差限差（mm）	20.0	20.0	20.0	20.0

表 11-3　精度评定（3）

测段	G 新湖小区—G 明华西江俪园 段
导线（网）总长（km）	3.1
平均边长（m）	614.99
测角中误差（″）	1.00
测角中误差限差（″）	±2.5
方位角闭合差（″）	2.44
方位角闭合差限差（″）	±11.18
全长相对闭合差	1/8.5 万
全长相对闭合差限差	1/3.5 万
相邻点相对点位中误差（mm）	6.5
相邻点相对点位中误差限差（mm）	12.7
最弱点点位中误差（mm）	6.5
最弱点点位中误差限差（mm）	20.0

注：《城市轨道交通工程测量规范》GB 50308—2008 规定导线平均边长为 350 m，相邻点相对点位中误差限差为 8 mm；由于点位实际平均边长大都超过 350 m，经与×××勘察测绘研究院总工办沟通，相邻点相对点位中误差限差根据《城市测量规范》GJJ/T 8—2011 中的 4.5.2 章节内容求得。即 $M_{ij} = \pm \sqrt{m_t^2 + m_u^2}$；$m_t = \pm S \times (1/T)$；$m_u = \pm S \times m_\beta / \rho''$。式中，1/T—测距相对中误差；$m_\beta$—测角中误差（″）；S—导线平均边长（m）；$M_{ij}$—导线相邻点的相对点位中误差（mm）。

四、结论

沈阳市地铁九号线一期精密导线因条件所限平均边长有所放大，但各项精度指标良好，满足设计精度要求。

五、提交资料

1. 技术总结一份。

2. 检查报告一份。

3. 精密导线联测图一份。

4. 精密导线计算资料一份。

5. 外业观测手簿（5 本）。

6. 精密导线成果表及精度评定一份。

实例二：沈阳市地铁九号线一期
地面控制测量精密水准观测技术总结报告

一、任务来源

2012 年 10 月×××勘察测绘院受沈阳地铁集团有限公司的委托，完成沈阳市地铁九号线一期地面控制测量精密水准测量任务。

二、作业技术依据

(1)《城市轨道交通工程测量规范》GB 50308—2008；

(2)《国家一、二等水准测量规范》（GB/T 12897—2006）；

(3)《工程测量规范》（GB 50026—2007）；

(4)《测绘成果质量检查与验收》GB/T 24356—2009；

(5) 本项目专业设计书。

三、高程系统及已有资料利用

（一）高程基准

高程基准采用 1956 年黄海高程系。

（二）已有资料利用

本次测量地铁九号线一期地面控制测量控制点及高程起算成果资料均由×××勘察测绘研究院提供。

四、组织实施

（一）人员投入情况

本次测量设有大队技术负责人 1 人，大队质量负责人 1 人，中队技术负责人 1 人，中队质量检查员 1 人，投入一个水准外业小组（每组 6 人），共计 10 人，其中高级工程师 2 人，工程师 2 人，测量技术员 1 人。

（二）设备投入情况

本次水准测量工作共投入 DINI12 天宝数字水准仪 1 台及配套标尺、笔记本电脑 3 台，HP 激光打印机 1 台，兰德掌上电脑 1 台，车辆 1 辆，设备清单见表 11-4。

表 11-4　使用的仪器、标尺和尺承的型号、规格、数量、检校情况

名称	型号、规格	数量	编号	检校情况
数字水准仪	DINI12	1 台	701958	良好
条码式因瓦标尺	Trimble	1 副	11647/11648	良好

名称	型号、规格	数量	编号	检校情况
电子记簿器	兰德掌上电脑 HT-2680	1 台	00211063	良好
尺承	尺桩	3 个		良好
	5 kg 尺台	3 个		良好

在本次水准测量工作中，投入的 DINI12 天宝数字水准仪及配套的条码式因瓦标尺，均进行了检定，具有国家法定计量检定单位的检定证书，并保持在有效期内，检验项目符合规范、规定要求。

（三）软件使用情况

（1）采用外挂兰德掌上电脑 HT-2680 电子记录器载入根据项目技术要求编写的软件进行精度控制与采集并对其进行加密存储，内业检查及处理。

（2）采用 COSA 控制测量数据处理通用软件包（武汉大学）对外业数据进行平差计算。

（四）质量保证措施

（1）生产中队抽调有工作认真、有多年测量经验的生产人员作为生产小组组长。

（2）中队向小组作业人员讲解技术要求、特点及注意事项等，进一步提高作业人员的技术水平，强化作业人员的质量意识。根据掌握的测区实际情况，仔细研究，细化观测技术方案。

（3）质量控制采取作业小组对产品进行 200% 的自查互校，作业中队进行 100% 的详查，大队质检员对作业中队提交的观测成果进行 100% 检查的方法，保证测绘成果质量。

（五）任务完成情况

本次测量自 10 月 18 日至 11 月 2 日共完成精密水准测量 75.5 km，连测控制点 56 个，其中高程检核点 3 个。

（六）精度要求及技术指标

1. 精度要求

精度要求见表 11-5。

表 11-5　精密水准测量精度要求

测量等级	精密水准
M_Δ	1.0 mm
Mw	2.0 mm

2. 水准观测技术指标

（1）精密水准测量往返测高差不符值、环线闭合差和检测高差较差的限差应满足表11-6

的规定。

表 11-6　水准路线测量的限差要求

等级	测段、区段、路线往返测高差不符值（mm）	附合路线闭合差（mm）	环闭合差（mm）	检测已测测段高差之差（mm）
精密水准	$4\sqrt{k}$	$4\sqrt{L}$	$4\sqrt{F}$	$6\sqrt{R}$

注：k——测段、区段或路线长度（km）；当测段长度小于 0.1 km 时，按 0.1 km 计算；

　　R——检测测段长度（km），一般不小于 1 km；

　　F——环线长度（km）；

　　L——附合路线长度（km）。

（2）测站视线长度（仪器至标尺距离）、前后视距差、视线高度、重复测量次数按表 11-7规定执行。

表 11-7　水准观测的主要技术要求　　　　　　　　　单位：m

等级	仪器类型	视线长度		前后视距差		任一测站上前后视距差累积		视线高度		数字水准仪重复测量次数
		光学	数字	光学	数字	光学	数字	光学（下丝读数）	数字	
精密水准	DSZ05	≤50	≥3 且≤50	≤1.0	≤1.5	≤3.0	≤6.0	≥0.3	≤2.80 且≥0.55	≥2 次

注：下丝为近地面的视距丝。几何法数字水准仪视线高度的高端限差允许到 2.85 m，相位法数字水准仪重复测量次数可以为上表中数值减少一次。所有数字水准仪，在地面震动较大时，应随时增加重复测量次数。

（3）测站观测限差要求见表 11-8。

表 11-8　水准观测测站限差要求　　　　　　　　　单位：mm

等级	上下丝读数平均值与中丝读数的差		基辅分划读数的差	基辅分划所测高差的差	检测间歇点高差的差
	0.5 cm 刻划标尺	1 cm 刻划标尺			
精密水准	1.5	3.0	0.4	0.6	1.0

（七）精度统计

1. 水准观测精度统计表

水准观测精度统计表见表 11-9。

表 11-9　水准观测精度统计表

序号	路线编号	路线起止点	视线长度（m）		距地面和障碍物的距离		最大视距差（≤1.5 m）	最大视距累积差（≤6.0 m）	最大高差之差（≤0.4 mm）	最大两次读数差（≤0.6 mm）
			最小（≥3 m）	最大（≤50 m）	最低（≥0.55 m）	最高（≤2.8 m）				
1	SY08	839—845	3.4	49.9	0.553	2.63	−1.5	−3.6	−0.4	0.4
2	SY09	下伯官屯—953	3.4	50	0.553	2.755	−1.5	3.7	0.4	0.4

2. 附合路线（环）闭合差统计表

附合路线（环）闭合差统计表见表 11-10。

表 11-10 附合路线（环）闭合差统计表

序号	起始点名	结束点名	闭合差（mm）	附合路线长度（km）	允许值（mm）	备注
1	845	839	1.73	21.6	±18.59	附合路线
2	839	953	7.74	14.5	±15.23	附合路线
3	929	下伯官屯	5.70	18.4	±17.16	附合路线
4	953	929	−1.49	12.1	±13.91	附合路线
5	953	953	3.48	23.4	±19.35	环线

3. 精密水准路线及观测精度统计表

精密水准路线及观测精度统计表见表 11-11。

表 11-11 精密水准路线及观测精度统计表

序号	路线编号	路线起止点	路线长度（km）	总测段数	往返观测不符值 测段数 <1/3 限差	<3/4 且 >1/3 限差	>3/4 限差	路线不符值（mm）	路线允许不符值（mm）	每千米偶然中误差（mm）	路线高差（m）
1	SY08	839—845	21.6	23	21	2	0	−0.52	±18.59	±0.44	7.7648
2	SY09	下伯官屯—953	53.9	38	34	3	1	8.20	±29.37	±0.51	−14.372

4. 高程控制网精度统计表

高程控制网精度统计表见表 11-12。

表 11-12 高程控制网精度统计表

序号	网名	最大高程中误差（mm）
1	地铁 9 号线	3.28

5. 观测成果

（略）

6. 高程检核点高程比较

高程检核点高程比较见表 11-13。

表 11-13 高程检核点高程比较

序号	点名	H (m) —2012.11	已知值 (m)	高程之差 (mm)	$\sqrt{2}$高程中误差 (mm)
1	S57	44.9029	44.9010	+1.9	±2.93
2	S58	44.5126	44.5121	+0.5	±3.00
3	809	41.5340	41.5341	−0.1	±4.64

7. 提交资料

提交资料清单列于表 11-14。

表 11-14 提交资料清单

序号	资料名称	册数	份数	备注
1	精密水准观测技术总结报告	1	1	电子版
2	平差计算报告	1	1	电子版
3	精密水准观测手簿	1	1	电子版
4	精密水准外业高差表	1	1	电子版
5	精密水准成果表	1	1	电子版
6	仪器及标尺检定资料	1	1	电子版
7	精密水准路线示意图	1	1	电子版
8	水准观测数据	1 张	1	光盘

项目小结

在完成控制网平差计算后，还要对上述项目的实施情况做一个技术总结，即对控制测量过程中的技术设计文件和技术标准、规范等执行情况，技术设计方案实施中出现的主要技术问题和处理方法，成果（产品）质量、新技术的应用等进行分析研究、总结，并做出客观的描述和评价，这项工作完成后，最后接受有关单位的检查验收。

思考题

1. 列举测绘技术总结编写的主要依据。

2. 结合任务 2.2"西柳镇 1：500 数字化地形图测绘控制测量技术设计书"，编写该项目技术总结。

附录 控制测量基本术语

1. 测绘学 (geodesy and cartography; surveying and mapping)

研究地理信息的获取、处理、描述和应用的学科，其内容包括研究测定、描述地球的形状，大小、重力场、地表形态及它们的各种变化，确定自然和人造物体、人工设施的空间位置及属性，制成各种地图和建立有关信息系统。

2. 工程测量 (engineering survey)

工程建设的勘察设计、施工和运营管理各阶段，应用测绘学的理论和技术进行的各种测量工作。

3. 精密工程测量 (precise engineering survey)

采用的设备和仪器，其绝对精度达到毫米量级，相对精度达到 10^{-5} 数量级的精确定位和变形观测等进行的测量工作。

4. 摄影测量 (photogrammetry)

利用摄影影像信息测定目标物的形状、大小、性质、空间位置和相互关系的测量工作。

5. 工程摄影测量 (engineering photogrammetry)

工程建设的勘察设计、施工和运营管理各阶段中进行的各种摄影测量工作。

6. 子午线 (meridian)

通过地面某点并包含地球南北极点的平面与地球表面的交线，也称子午圈。

7. 中央子午线 (central meridian)

地图投影中各投影带中央的子午线。

8. 任意中央子午线 (arbitrary central meridian)

选择任意一条子午线为某区域的中央子午线。

9. 子午线收敛角 (grid convergence; meridian convergence)

地面上经度不同的两点所做子午线间的夹角。

10. 高斯—克吕格投影 (Gauss-Krueger projection)

地图投影带的中央子午线投影为直线且长度不变，赤道投影为直线，且两线为正交的等角横切椭圆柱投影。

11. 高斯平面直角坐标系 (Gauss-Krueger plane rectangular coordinate system)

根据高斯—克吕格投影所建立的平面直角坐标系。

12. 独立坐标系 (independent coordinate system)

任意选用原点和坐标轴的平面直角坐标系。

13. 建筑坐标系 (architecture coordinate system)

坐标轴与建筑物主轴线成某种几何关系的平面直角坐标系。

14. 坐标变换（coordinate transformation）

将某点的坐标从一种坐标系换算到另一种坐标系的过程。

15. 高程（elevation; height）

地面点至高程基准面的铅垂距离。

16. 高程基准（height datum）

由特定验潮站平均海水面确定的起算面所决定的水准原点高程。

17. 1985 国家高程测量基准（National Height Datum l985）

根据青岛验潮站 1952—1979 年验潮资料计算确定的平均海水面所决定的水准原点高程，于 1987 年由国家测绘局颁布作为我国统一的测量高程基准。

18. 假定高程（assumed height）

按假设的高程基准所确定的高程。

19. 一次布网（once establishment control network）

将全部控制点一次布设成同一个等级、统一平差的测量控制网。

20. 控制点（control point）

以一定精度测定其几何、天文和重力数据，为进一步测量及为其他科学技术工作提供依据具有控制精度的固定点。包括平面控制点和高程控制点。

21. 测量控制网（surveying control network）

由相互联系的控制点以一定几何图形所构成的网，简称控制网。

22. 基线（baseline）

三角测量和摄影测量中，为获取测绘信息所依据的基本长度。

23. 标准（偏）差（standard deviation）

随机误差平方的数学期望的平方根，也称中误差或均方根差。

24. 偶然误差（accident error; random error）

在一定观测条件下的一系列观测值中，其误差大小、正负号不定，但符合一定统计规律的测量误差，也称随机误差。

25. 系统误差（systematic error）

在一定观测条件下的一系列观测值中，其误差大小、正负号均保持不变，或按一定规律变化的测量误差。

26. 粗差（gross error）

在一定观测条件下的一系列观测值中，超过标准差规定限差的测量误差。

27. 多余观测（redundant observation）

超过确定未知量所需最少数量的基础 L，增加的观测量。

28. 控制测量（control survey）

为建立测量控制网而进行的测量工作。包括平面控制测量、高程控制测量和三维控制测量。

29. 高斯投影面（Gauss projection plane）

按照高斯投影公式确定的地球椭球面的投影展开面。

30. 大地水准面 (geoid)

一个与假想的无波浪、潮汐、海流和大气压变化引起扰动的处于流体静平衡状态的海洋面相重合并延伸到大陆的重力等位面。

31. 抵偿高程面 (projection datum plane with compensation effect)

为使地面上边长的高斯投影长度改正与归算到基准面上的改正互相抵偿而确定的高程面。

32. 参考椭球面 (surface of reference ellipsoid)

处理大地测量成果而采用的与地球大小、形状接近并进行定位的椭球体表面。

33. 法截弧曲率半径 (radius of curvature in a normal section)

地球椭球体表面上某点的法截弧在该点的曲率半径。

34. 高斯投影长度变形 (scale error of Gauss projection)

圆柱面与椭球面相切于中央子午线上，其长度不变形，其他任意处的投影长度均变化。

35. 高斯投影分带 (zone-dividing of Gauss projection)

按一定经差将地球椭球体表面划分成若干投影的区域，简称投影分带。

36. 任意带 (arbitrary zone)

采用任意中央子午线，任意带宽的投影带。

37. 卯酉圈曲率半径 (radius of curvature in prime vertical)

地球椭球体表面上某点法截弧曲率半径中最大的曲率半径。

38. 子午圈曲率半径 (radius of curvature in meridian)

地球椭球体表面上某点法截弧曲率半径中最小的曲率半径。

39. 平均曲率半径 (mean radius of curvature)

地球椭球体表面上某点无穷多个法截弧的曲率半径的算术平均值。

40. 导航卫星全球定位系统 [NAVSTAR global position system (GPS)]

利用多颗卫星和接收机，在全球范围内确定空间或地面点三维坐标的一个全球卫星导航定位系统。

41. 平面控制网 (horizontal control network)

在某一参考面上，由相互联系的平面控制点所构成的测量控制网。

42. 平面控制测量 (horizontal control survey)

确定控制点平面坐标的测量工作。

43. 平面控制点 (horizontal control point)

具有平面坐标的控制点。

44. 控制网优化设计 (optimal design of control network)

采用现代科学技术手段，以一个或多个目标函数进行择优的选网方法。

45. 三角测量 (triangulation)

在地面上选定一系列点，构成连续三角形，测定三角形各顶点水平角，并根据起始边长、方位角和起始点坐标经数据处理确定各顶点平面位置的测量方法。

46. 三角控制网 (triangulation network)
采用三角测量的方法建立的测量控制网。

47. 三角锁 (triangulation chain)
由一系列相连的三角形构成链形的测量控制网。

48. 线形三角锁 (linear triangulation chain)
两端各附合在一个高等级控制点上的三角锁，简称线形锁。

49. 线形三角网 (linear triangulation network)
附合在三个以上高等级控制点的线形三角锁连接而构成的测量控制网，简称线形网。

50. 三角点 (triangulation point)
三角测量时，在地面上选定的一系列构成相互连接的三角形顶点。

51. 三边测量 (trilateration)
测量三角形的边长，以确定网中各点平面位置的测量方法。

52. 边角测量 (triangulateration; combination of triangulation and trilateration)
综合应用三角测量和三边测量确定各顶点平面位置的测量方法。

53. 导线测量 (traverse survey; traversing)
在地面上按一定要求选定一系列的点依相邻次序连成折线，并测量各线段的边长和转折角，再根据起始数据确定各点平面位置的测量方法。

54. 导线控制网 (traverse network)
通过导线测量的方法建立的测量控制网。

55. 附合导线 (connecting traverse; annexed traverse)
起止于两个已知点间的单一导线。

56. 闭合导线 (closed traverse)
起止于同一个已知点的封闭导线。

57. 导线点 (traverse point)
用导线测量的方法测定的控制点。

58. 加密控制网 (densified control network)
在高等级控制测量网中，为增加控制点的密度而布设的次级测量控制网。

59. 插网 (inserting network)
在高等级测量控制网中，插入两个以上的点而构成加密控制网。

60. 插点 (inserting individual point)
在高等级测量控制网中，插入一个或两个待定的控制点。

61. 边角联合交会 (linear-angular intersection)
加密控制点时，测定一部分或全部角与边的交会方法。

62. 结点 (junction point)
两条或两条以上导线、水准路线相交的点。

63. 结点网 (network with junction points)
由多个结点构成的测量控制网。

64. 平均边长 (mean slide length)

测量控制网中各边长度的平均值。

65. 起始数据 (initial data)

测量控制网中作为起始坐标、边、方位和高程的数据。

66. 最弱边 (the weakest side)

在三角控制网中利用起始边和观测的角度值，经数据处理后，其中精度最低的一条边。

67. 最弱点 (the weakest point)

在测量控制网中利用起算点的数据及观测值，经数据处理后，其中相对于起算点精度最低的一个点。

68. 坐标增量 (increment of coordinate)

两点之间的坐标值之差。

69. 导线全长闭合差 (total length closing error of traverse)

由导线的起点推算至终点位置与原有已知点的位置之差。

70. 导线横向误差 (lateral error of traverse)

导线的位移误差在导线起点和终点连线方向上的垂直分量。

71. 导线纵向误差 (longitudinal error of traverse)

导线的位移误差在导线起点和终点连线方向上的分量。

72. 高程控制点 (vertical control point)

具有高程值的控制点。

73. 高程控制测量 (vertical control survey)

确定控制点高程值的测量工作。

74. 高程控制网 (control network of height; vertical control network)

由相互联系的高程控制点所构成的测量控制网。

75. 测区平均高程面 (mean height of survey area)

以测区高程平均值计算的高程面。

76. 地球曲率与折光差改正 (correction for curvature of earth and refraction)

在三角高程测量中，为消除或减弱测线受地球曲率与受大气折射两项误差影响而做的改正，简称两差改正。

77. 旁折光 (lateral refraction)

在不同的大气密度条件下，光线在水平方向产生的折射。

78. 垂线偏差 (deflection of the vertical; deflection of plumb line)

地面测站点的铅垂线与其在参考椭球面上对应点的法线之差。

79. 踏勘 (reconnaissance)

工程开始前，到现场察看地形和其他工程条件的工作。

80. 控制网选点 (reconnaissance for control point selection)

根据控制网设计方案和选点的技术要求，在实地选定控制点位置的工作。

81. 造标（tower building；signal erection）

建造作为观测照准的目标及升高仪器位置的测量标志构筑物的总称。

82. 埋石（mark at or below ground level；setting monument）

将控制点的永久性标志固定在实地的工作。

83. 观测墩（observation post；observation pillar）

顶面有中心标志及同心装置，并能安装测量仪器及观测照准目标的设施。

84. 强制对中（forced centering）

用装在共同基座上的装置，使仪器和觇牌的竖轴严格同心的方法。

85. 归心元素（elements of centering）

仪器、照准目标和标石的中心在水平面上投影间的距离及其与零方向的夹角。测站点归心元素包括测站点偏心距与偏心角；照准点归心元素包括照准点偏心距与偏心角。

86. 归心改正（correction for centering）

将测站的仪器中心至照准目标中心之间的方向值或距离，归化为两点标石中心之间的方向值或距离而进行的改正。

87. 测站归心（station centering）

因仪器中心与测站标石中心不处在同一铅垂线上而进行的改正。

88. 照准点归心（sighting centering）

因照准点目标中心与标石中心不处在同一铅垂线上而进行的改正。

89. 标石（markstone；monument）

用混凝土、金属或石料制成，埋于地下或露出地面以标志控制点位置的永久性标志。

90. 觇标（tower；signal）

作为照准目标用的测量标志构筑物。

91. 觇牌（target）

作为测量照准目标用的标志牌。

92. 测量标志（surveying mark）

标定地面控制点或观测目标位置，有明确中心或顶面位置的标石、觇标及其他标记的通称。

93. 照准圆筒（sighting cylinder）

安装在觇标顶部，供观测时照准用的圆筒。

94. 点之记（description of station）

记载等级控制点位置和结构情况的资料。包括：点名、等级、点位略图及与周围固定地物的相关尺寸等。

95. 墙上水准点（bench mark built in wall）

设置在坚固建筑物墙上的水准点标志。

96. 水平角（horizontal angle）

测站点至两个观测目标方向线垂直投影在水平面上的夹角。

97. 垂直角（vertical angle）

观测目标的方向线与水平面间在同一竖直面内的夹角。

98. 天顶距（zenith distance）

测站点铅垂线的天顶方向到观测方向线间的夹角。

99. 测站（observation station）

观测时设置仪器或接收天线的位置。

100. 照准点（sighting point）

观测时仪器照准的目标点。

101. 测微器行差（run of micrometer; run error of micrometer）

用测微器读取度盘上两相邻分划线间角距的数值与理论值之差。

102. 隙动差（lost motion）

机械啮合装置中，旋进与旋出至同一位置的读数之差。

103. 度盘（circle）

装在测角仪器上，用以量测角度的圆盘。

104. 正镜（telescope in normal position）

照准目标时，经纬仪的竖直度盘位于望远镜左侧，也称盘左。

105. 倒镜（telescope in reversed position）

照准目标时，经纬仪的竖直度盘位于望远镜右侧，也称盘右。

106. 测回（observation set）

根据仪器或观测条件等因素的不同，统一规定的由数次观测组成的观测单元。

107. 分组观测（observation in groups）

把测站上所有方向分成若干组分别观测的方法。

108. 全圆方向法（method of direction observation in rounds）

把两个以上的方向合为一组，从初始方向开始依次进行水平方向观测，最后再次照准初始方向的观测方法。

109. 方向观测法（method of direction observation）

以两个以上的方向为一组，从初始方向开始，依次进行水平方向观测，正镜半测回和倒镜半测回，照准各方向目标并读数的方法。

110. 归零差（misclosure of round）

全圆方向法中，半测回开始与结束两次对起始方向观测值之差。

111. 两倍照准差（discrepancy between twice collimator errors）

全圆方向法中，同一测回、同一方向正镜读数与倒镜读数之差。

112. 坐标方位角（coordinate azimuth）

坐标系的正纵轴与测线间顺时针方向的水平夹角。

113. 方位角（azimuth）

通过测站的子午线与测线间顺时针方向的水平夹角。

114. 三角形闭合差 (closure error of triangle)

三角形三内角观测值之和与180°加球面角超之差。

115. 测角中误差 (mean square error of angle observation)

根据测角闭合差或观测值改正数，计算出角度观测值的中误差。

116. 照准误差 (error of sighting)

照准目标时所产生的误差。

117. 距离测量 (distance measurement)

测量两点间长度的工作。

118. 电磁波测距 [electromagnetic distance measurement (EDM)]

以电磁波在两点间往返的传播时间确定两点间距离的测量方法。

119. 光电测距 (electro-optical distance measurement)

以光波为载波，采用测频法、脉冲法或相位法确定两点间距离的方法。

120. 激光测距 (laser distance measurement)

以激光为载波，采用脉冲法或相位法确定两点间距离的方法。

121. 红外测距 (infrared distance measurement)

以砷化镓（GaAs）发光管的红外光为载波，以相位法或脉冲相位法确定两点间距离的方法。

122. 微波测距 (microwave distance measurement)

以微波为载波，经调制由主台发射、副台接收并转发回来，测定调制波的相位差，确定两点间距离的方法。

123. 相位法测距 (method of distance measurement by phase)

根据调制波往返于被测距离上的相位差，间接确定距离的方法。

124. 电磁波测距仪 [electromagnetic distance measuring instrument (EDMI)]

采用电磁波为载波测量距离的仪器。包括红外测距仪、光电测距仪、激光测距仪和微波测距仪等。

125. 电子速测仪 (electronic tachometer)

集红外测距仪、电子经纬仪、数据终端机和数据记录兼数据处理器于一体的测量仪器。

126. 反光镜 (reflector)

将发射的光束反射至接收系统的反射物。包括平面反光镜、球面反光镜、透镜反光镜、棱镜反光镜等。

127. 棱镜反光镜 (reflection prism)

用光学玻璃制成的等腰三角锥体，三个反射面互相垂直，另一面为光线的入射面和出射面，其入射光线和反射光线平行，且具有自准直性。

128. 加常数 (additive constant)

采用电磁波测距仪测得的距离与实际距离之间的常差。

129. 电磁波测距标称精度 (nominal accuracy of EDM)

电磁波测距仪给定的精度指标。包括固定误差和比例误差。

130. 固定误差（fixed error）

与观测量大小无关，有固定数值的误差。

131. 比例误差（scale error）

与观测量大小成比例的误差。

132. 电磁波测距最佳观测时间段（the most favorable time interval of EDM）

在电磁波测距时，通视良好、信号稳定和测距精度较高的时间间隔。

133. 电磁波测距最大测程（maximum range of EDM）

在规定的大气能见度和棱镜组合个数的条件下，满足仪器标称精度时电磁波测距仪所能测量的最大距离。

134. 气象改正（meteorological correction）

在大气折射率与测距仪给定的参考气象条件下，折射率不等而进行的距离改正。

135. 频率改正（correction for frequency deviation）

在实际作业时，测距仪的调制频率与标称频率发生偏移而进行的距离改正。

136. 因瓦基线尺（invar tape）

采用镍铁合金制造的线状尺或带状尺，其温度膨胀系数小于 $5 \times 10^{-6} / ℃$。

137. 钢尺量距（steel tape distance measurement）

采用宽度 $10 \sim 201$ mm，厚度 $0.1 \sim 0.4$ mm 薄钢带制成的带状尺测量距离的方法。

138. 视差法测距（subtense method distance measurement）

用经纬仪测量与短基线所对应的水平角计算水平距离的方法。

139. 横基尺视差法（subtense method with horizontal staff）

根据与测线垂直并水平放置基线横尺所对应的视差角计算水平距离的方法。

140. 竖基尺视差法（subtense method with vertical staff）

根据竖直放置的基线竖尺所对应的垂直角计算水平距离的方法。

141. 尺长改正（correction to the nominal length of tape）

根据尺在标准温度、标准拉力引张下的实际长度与标称长度的差值进行的长度改正。

142. 倾斜改正（correction for slope）

将倾斜距离换算成水平距离的工作。

143. 温度改正（correction for temperature）

钢尺量距时的温度和标准温度不同引起的尺长变化进行的距离改正。

144. 往测与返测（direct and reversed observation）

两点间测量时，由起点到终点、由终点到起点的测量过程。

145. 高程测量（height survey）

确定地面点高程的测量工作。

146. 水准测量（leveling）

用水准仪和水准尺测定两固定点间高差的工作。

147. 精密水准测量（precise leveling）

采用高精度的仪器、工具和测量方法所进行的每千米高差全中误差小于 2 mm 的水准测量。

148. 水准点（bench mark）

用水准测量方法，测定的高程达到一定精度的高程控制点。

149. 水准网（leveling network）

由一系列水准点组成多条水准路线而构成的带有结点的高程控制网。

150. 水准测段（segment of leveling）

分段观测时，相邻两水准点或高程控制点间的水准测量路线。

151. 高差（difference of elevation; level difference）

同一高程系统中两点间的高程之差。

152. 附合水准路线（annexed leveling line）

起止于两个已知水准点间的水准路线。

153. 闭合水准路线（closed leveling line）

起止于同一已知水准点的封闭水准路线。

154. 支水准路线（spur leveling line; leveling branch）

从一已知水准点出发，终点不附合或不闭合于另一已知水准点的水准路线。

155. 跨河水准测量（river-crossing leveling）

视线长度超过规定，跨越河流、湖泊、沼泽等的水准测量。

156. 三角高程测量（trigonometric leveling）

根据已知点高程及两点间的垂直角和距离确定所求点高程的方法。

157. 电磁波测距三角高程测量（EDM-trigonometric leveling）

采用电磁波测距仪直接测定两点间距离的三角高程测量。

158. 三角高程导线测量（trigonometric height traversing）

从已知高程点出发，沿各导线边进行三角高程测量，最后附合或闭合到已知高程点上，确定高程的方法。

159. 高程中误差（mean square error of height）

根据高程测量闭合差或不符值计算的中误差。

160. 高差全中误差（total mean square error of elevation difference）

根据环线闭合差和相应环的水准路线周长而计算的中误差，也称水准测量每千米距离的高差中数的全中误差，其表达式为：

$$M_w = \pm\sqrt{\frac{1}{N}\cdot\left[\frac{WW}{L}\right]}$$

式中：M_w——高差全中误差（mm）；

W——闭合差（mm）；

N——水准环数；

L——相应环的水准路线周长（km）。

161. 高差偶然中误差（accident mean square error of elevation difference）

根据各测段往返高差不符值和测段长度而计算的中误差。其表达式为：

$$M_\Delta = \pm\sqrt{\frac{1}{4n}\cdot\left[\frac{\Delta\Delta}{L}\right]}$$

式中：M_Δ——高差偶然中误差（mm）；

Δ——测段往返高差不符值（mm）；

n——测段数；

L——测段长度（km）。

参考文献

[1] 林玉祥. 控制测量[M]. 北京：测绘出版社，2009.

[2] 孔祥元. 控制测量学[M]. 3版. 武汉：武汉大学出版社，2006.

[3] 黄文彬. GPS测量技术[M]. 北京：测绘出版社，2011.

[4] 中华人民共和国住房和城乡建设部. CJJ/T 8—2011 城市测量规范[S]. 北京：中国建筑工业出版社，2012.

[5] 中华人民共和国住房和城乡建设部，中华人民共和国国家质量监督检验检疫总局. GB 50026—2007 工程测量规范[S]. 北京：中国计划出版社，2008.

[6] 国家测绘局. CH/T 1001—2005 测绘技术总结编写规定[S]. 北京：测绘出版社，2006.

[7] 国家测绘局. CH/T 1004—2005 测绘技术设计规定[S]. 北京：测绘出版社，2006.